植物检验检疫实验与实习指导

朴美花　主编

U0276967

ZHEJIANG UNIVERSITY PRESS
浙江大学出版社

图书在版编目(CIP)数据

植物检验检疫实验与实习指导/朴美花主编. —杭
州：浙江大学出版社，2017.9
ISBN 978-7-308-17189-2

Ⅰ.①植… Ⅱ.①朴… Ⅲ.①植物检疫－高等学校－
教学参考资料 Ⅳ.①S41

中国版本图书馆 CIP 数据核字（2017）第 184030 号

植物检验检疫实验与实习指导

朴美花 主编

责任编辑	樊晓燕
责任校对	舒莎珊
封面设计	续设计
出版发行	浙江大学出版社
	（杭州市天目山路 148 号　邮政编码 310007）
	（网址：http://www.zjupress.com）
排　　版	杭州中大图文设计有限公司
印　　刷	浙江省良渚印刷厂
开　　本	787mm×1092mm　1/16
印　　张	6.25
字　　数	137 千
版 印 次	2017 年 9 月第 1 版　2017 年 9 月第 1 次印刷
书　　号	ISBN 978-7-308-17189-2
定　　价	18.00 元

前　　言

　　"植物检验检疫"课程是高等农林院校植物保护专业、综合性院校生物工程专业及动植物检疫专业的专业课,是理论与实践紧密结合,以讲授为主,与实验及实习相结合的专业课,其目的是使学生掌握植物检疫的基础知识、植物检疫法规、有害生物风险分析、植物检疫程序、危险性有害生物检疫处理、危险性病虫草害检验检疫等知识,最终将该门学科知识应用到有害生物检疫检验工作中。实习教学作为实践教学系统工程中重要的一环,在整个教学过程中占有十分重要的地位,有着其他教学形式不可替代的作用,能巩固和加深学生对理论知识的理解,提高学生动手能力、分析问题和解决问题的能力,对培养和提高学生的实践创新素质、实际工作能力起着重要作用。尤其是近几年,我国在高等院校本科教学质量与教学改革工程项目建设中非常重视实践教学环节。

　　为了使学生在实验和实习中能更好地掌握植物检验检疫的专业理论和基本技能,我们编写了这本实验与实习指导书,以满足植物检验检疫实验和实习教学的需求。

　　全书共设计了10个实验和2个实习内容。各个高校的具体情况不同,有关高校可以根据实际情况进行适当调整。

　　限于编者水平,书中疏漏和错误在所难免,敬请同行专家及读者批评指正。

朴美花

2017 年 3 月于杭州

实验与实习须知

植物检验检疫课程的实验与实习是本课程整个教学过程中十分重要的环节。通过实验和实习,能巩固和加深学生对理论知识的理解,提高学生的动手能力、分析问题和解决问题的能力,培养和提高学生的实践创新素质、实际工作能力。

1.严格遵守学校制定的实验室管理条例和实验室有关规定。仪表端正;实验台上不准堆放书包、雨具或与实验无关的物品,保持实验台的整洁;不可随地吐痰或扔纸屑杂物,也不可将食物带到实验室。

2.每次实验前认真预习,充分准备。上课前同学们需要认真预习《植物检验检疫实验与实习指导》及《植物检疫学》的相关内容,同时需带齐教材和实验用具。

3.实验用过的菌种及带有活菌的各种器皿应先经高压灭菌后才能洗涤。特别是对于检疫性实验材料,必须进行灭活处理,决不能扩散出实验室。制片上的活菌应先浸泡于3%来苏水或5%苯酚溶液中半小时,然后再洗刷。

4.进行高压蒸汽灭菌时,严格遵守操作规程。负责灭菌的人在灭菌过程中不准离开灭菌室。

5.使用显微镜时,严格遵守操作规程。取、放显微镜时应一手握住镜臂,一手托住底座,使显微镜保持直立,防止镜头滑落地面而损坏。

6.爱护标本。未经老师同意,不可打开盒装或瓶装标本。

7.课后清洁和安全。实验结束后,各组将标本整理好,用具擦净放妥;将实验室废弃药液(品)统一收集管理,不可倒入下水道。执勤同学课后将台面擦洗干净、地面拖扫干净,将椅子等按原位放好,关闭窗、水、灯、煤气等,并报告老师后方可离去。

8.实验报告。要求使用学校印制的实验报告纸。实验报告中的文字部分用钢笔或签字笔书写,不能用圆珠笔书写;图标部分用 HB 或 1H 铅笔绘制,图的比例、形状和色调等要准确,线条要粗细均匀;图题位于图下正中,图注位于图的右侧,用虚直线引出,各条支线要平行且排列均匀,图注要整齐;图标排布要合理。抄袭别人实验报告或实验报告不合要求的必须重做。

9.教学实习。分组进行。实习结束后 1 周内,每小组提交实习报告 1 份,每人提交实习总结 1 份。

目　录

第一篇

植物检验检疫
——检疫性病害部分

实验一　植物真菌病害镜检技术及主要类群观察

1.1　实验目的

　　一般真菌病害经过症状观察和显微镜形态检查，即可做出诊断，而有些病害则必须经过分离、培养、接种等一系列工作，才能做出诊断。真菌的显微镜检查主要是观察真菌菌丝体与其他营养体的形态和结构、孢子的形态和着生方式、子实体的形态结构和产生部位等，有时还必须进一步观察病菌寄生的部位和寄主细胞、组织的变化。它是植物病原真菌学研究中最基础和常用的实验手段之一。本实验主要学习镜检病原真菌的一般方法，并认识一些常见的病原真菌类群。

1.2　实验内容与操作步骤

1.2.1　常用镜检方法

1. 直接挑取检查

　　直接挑取检查适用于检查营养体和繁殖体产生在寄主植物表面（如赤霉病、白粉病、黑粉病、恶苗病等）的病原菌或经保湿、分离培养所得的病原物。具体方法是直接用针或镊子挑取少许病原物，放入加有一滴浮载剂的载玻片上，加盖玻片后，即可镜检。

　　常用的浮载剂是水或乳酚油（乳酚油配方：乳酸 20mL，苯酚 20mL，甘油 40mL，蒸馏水 20mL）。水作浮载剂的缺点是容易干燥，并易形成气泡。若将检查的材料先在 70%乙醇溶液中放片刻，除去乙醇溶液后再加水作浮载剂，可除去气泡。用乳酚油作浮载剂制成的玻片不易干燥，可保存几天或更久一些，但乳酚油除易形成气泡外，另一主要缺点是使观察的实体变小。乳酚油中可加适当的染料染色。最常用的染料为质量浓度为 0.5～1g/L 的苯胺蓝（棉蓝）。苯胺蓝是酸性染料，可染真菌的原生质，而不染细胞壁。

　　制作永久玻片可将玻片经过乙醇溶液、苯酚或甘油脱水后，用中性树胶（苯酚＋树胶）封固。

2.粘贴法检查

该方法适用于检查着生于寄主表面的病原物,如霜霉病、白粉病等。

(1)透明胶带纸粘贴

将胶带纸剪成 1~2cm 长,贴在有真菌生长的部位上,病菌的孢子或孢子囊即粘在胶带纸上。然后将胶带纸撕下,放在滴有乳酚油的玻片上,上面再加一滴乳酚油,加盖玻片后,即可镜检。

(2)火棉胶粘贴

用玻璃棒将火棉胶液涂在有病原菌的部位,待干后将干膜剥下,放在载玻片上用 95％乙醇溶液作浮载剂,加盖玻片观察。

3.组织整体透明检查

通过组织整体透明检查,我们不但可以观察植物表面的病原菌的形态,而且可以观察组织浅层内的病菌,如霜霉病、水稻黄化萎缩病、水稻叶黑粉病等。

(1)水合氯醛透明

将病叶的病斑剪成 0.5~1.0cm² ,放入等量的乙醇溶液(95％)和冰醋酸混合液中,固定 24h 以上,然后取出病叶浸入饱和水合氯醛溶液中,待组织透明后取出,用水洗净,经稀棉蓝溶液染色,在甘油浮载剂中镜检。

(2)水合氯醛苯酚透明

将等量水合氯醛结晶和苯酚结晶混合,徐徐加热熔化,将上述叶片在混合液中浸至透明(约 20min),然后镜检。

(3)乳酚油透明

将病叶的病斑剪成 1~2cm 长,在乳酚油中加热,煮至叶片透明,镜检。

4.玻片培养检查

将在培养皿中已长出菌落的病原菌如水稻恶苗病等,在无菌条件下切成小块,移到无菌载玻片上,玻片放入无菌培养皿中保湿培养,2d 后取出载玻片镜检,能看清分生孢子梗和分生孢子的着生情况。

5.徒手切片

此法适用于检查组织内部的病原菌。材料较大且较为坚硬的,可直接做徒手切片;对于细小柔软的材料,可夹在木髓、胡萝卜、马铃薯块中间切。徒手切片的具体方法是把待切材料放在小木块上,用手指轻轻压住,随着手指慢慢地往后退,将材料切成薄片,切下的薄片即放在盛有清水的皿中或载玻片的水滴中,用镊子挑选切得最薄并含有所需要内容的切片进行镜检。

1.2.2　真菌主要类群的一般形态观察

1.病原真菌营养体观察

使用解剖针挑取培养皿内腐霉菌和镰刀菌的菌丝。用水作浮载剂,制成临时玻片,先在低倍镜下后转高倍镜下仔细观察。注意两种菌丝体有无分隔(图 1-1)、菌丝有无颜色,并同时观察腐霉菌的有性繁殖体——卵孢子,注意颜色和细胞壁的薄厚;观察镰刀菌的无性繁殖体——厚垣孢子,注意其细胞壁的薄厚和着生方式(顶生或间生,串生或单生)。

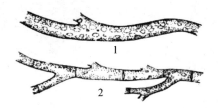

1.无隔菌丝;2.有隔菌丝

图 1-1　真菌的菌丝

2.病原真菌营养体变态观察

(1)菌核

观察小核菌属的菌核切片。注意表层结构菌丝壁厚、色深、组织紧密;内层菌丝壁薄、色淡、组织疏松。再观察丝核菌属的菌核切片,菌核外有细丝与基物相连,内外颜色一致(图 1-2)。

(2)吸器

观察小麦白粉病菌吸器玻片,注意伸入寄主细胞内佛手状的膨状体(图 1-3)。

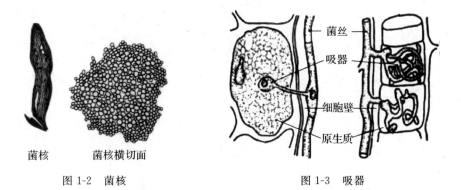

菌核　　菌核横切面

图 1-2　菌核

图 1-3　吸器

(3)假根

从培养皿中挑取根霉菌,观察孢囊梗基部的根状分枝,同时观察无性繁殖体孢子囊和孢囊孢子,注意囊轴的形态(图 1-4)。

（4）根状菌索

观察木材腐烂病菌的根状菌索（图1-5）。

（5）子座

观察竹赤团子属的粉红色子座外形，并徒手切片观察结构。

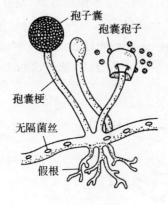

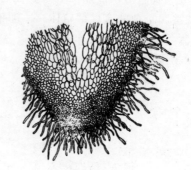

图1-4　根霉菌　　　　　　　　　图1-5　根状菌索

3. 病原真菌繁殖体观察

（1）无性繁殖体

1）游动孢子：注意腐霉菌的游动孢子从孢子囊中释放情况（图1-6）。

2）孢子囊和孢囊孢子：观察根霉菌的孢子囊和孢囊孢子（图1-4）。

3）芽孢子：观察啤酒酵母菌的示范镜（图1-7）。

4）粉孢子：观察白粉菌的示范镜（图1-8）。

图1-6　游动孢子　　　　图1-7　酵母菌芽孢子　　　　图1-8　粉孢子

5）分生孢子和分生孢子梗：挑取培养皿中或病标本的黑斑病菌霉状物，观察分生孢子和分生孢子梗的形态与颜色（图1-9）。

6）厚垣孢子：观察镰刀菌厚垣孢子细胞壁的薄厚和着生方式（顶生或间生，串生或单生）（图1-10）。

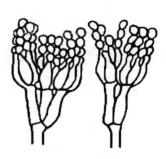

图 1-9　分生孢子和分生孢子梗

图 1-10　厚垣孢子

（2）有性繁殖体

1）卵孢子：观察腐霉菌的卵孢子。

2）接合孢子：观察示范片，注意孢子的颜色及表面突起。

3）子囊和子囊孢子：观察小麦赤霉病菌的子囊和子囊孢子，注意形态、颜色等（图1-11）。

4）担子和担孢子：观察蘑菇的示范片，注意担子和担孢子的形态特征（图1-12）。

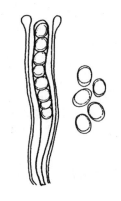

图 1-11　子囊和子囊孢子

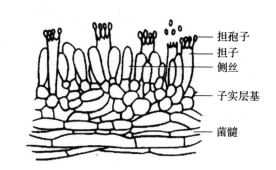

图 1-12　担子和担孢子

- 担孢子
- 担子
- 侧丝
- 子实层基
- 菌髓

1.3　实验作业

观察真菌病害的玻片标本，并绘形态特征图。

实验二　植物病原真菌的分离培养

2.1　实验目的

植物病原真菌的分离培养是诊断鉴定病原菌种类、研究病原菌形态和生理生化、测定致病性等的最基本的技术。植物病原真菌的分离培养就是在一定的条件下将所需要的病原自植物组织中移出，并与其他杂菌分开，获得纯培养的过程。但对一些专性寄生菌则不能用人工培养基培养。本实验的目的是学习植物病原真菌的分离培养的一般方法。

2.2　实验材料与方法

2.2.1　实验材料

1. 分离材料

玉米大、小斑病新病叶，苹果炭疽病染病果实，棉花枯萎病染病茎秆，甘薯软腐病染病块茎等。

2. 实验材料

PDA 培养基、无菌培养皿及吸管、试管架、25％乳酸、10％漂白粉溶液（随配随用）、解剖刀、剪刀、0.1％升汞液、70％和95％乙醇溶液、灭菌水、纱布、蜡笔等。

3. 马铃薯葡萄糖琼脂培养基（PDA）的配制

马铃薯 200g、葡萄糖 10～20g、琼脂 17～20g、水 1000mL。具体方法是将去皮马铃薯切碎，加水 1000mL，煮沸半小时，用纱布滤去马铃薯，加水补足 1000mL，然后加糖和琼脂，加热使琼脂完全熔化，再用纱布过滤一次即可分装灭菌。

4. 1％升汞液的配制

升汞 1g，浓盐酸 2.5mL，水 1000mL。先将升汞溶于浓盐酸中，然后加水稀释。

2.2.2　实验方法

1. 灭菌

灭菌的方法很多,利用高温杀菌是最重要的灭菌法。

(1)湿热灭菌

将分装好的培养基或其他需灭菌的器具放入高压蒸汽灭菌锅中,加盖后加热,放气使锅内的空气排出,然后在 121℃ 下灭菌 20min 即可。

注意:灭菌锅中的水量应在指定的标度;打开放气阀门加热,待空气完全排除后关闭阀门;当压力达到所需要的指标后,开始计算灭菌时间,并保持压力不变;停止加热,等压力降低到内外相等时,才能打开灭菌锅盖。

(2)干热灭菌

将要灭菌的器物如培养皿、试管等放在电热干燥箱中,加热使温度保持在 160～165℃,灭菌 1h 即可。

2. 工作环境的清洁和消毒

为了达到预期目的,分离和培养工作必须在很清洁的环境下以无菌操作法进行,一般可在无菌室或无菌箱中进行。无菌室或无菌箱要经过喷雾除尘,并用药剂或紫外线消毒。经过喷雾除去空气及地面的灰尘后进行无菌操作也可获得较理想的结果。在工作前,桌面应擦洗干净,铺上湿的纱布,将分离所需要的全部材料放在工作台上。同时应注意在工作的房间要关闭门窗,尽量避免人员走动,工作人员要保持清洁。

3. 用具的准备和消毒

在分离时凡是与分离材料接触的用具,都要随时消毒,保持无菌,如移植针、剪刀等可浸在 95％乙醇溶液中消毒,用时在火焰上烧去乙醇溶液,如此 2～3 次,再次使用时必须重新灭菌。培养皿和试管等都需经过干热灭菌,培养基和蒸馏水等都需要经过湿热高压灭菌。

4. 分离材料的选择

分离材料的选择对分离培养的结果有决定性的影响,因为任何感病植物坏死部分的表面及内部,都可能有腐生微生物的滋生。所以在分离时应选择新感病的组织,切勿取老病斑的中央部分,最好是取病健交界处的组织作为分离材料,这样可以减少腐生微生物的污染,同时病原物也处于较为活跃的状态,容易获得所要分离的病原菌。

2.2.3　植物病原真菌的分离步骤

根据病原生物及植物病组织的不同,可采用不同的分离方法。

1. 叶斑病类型分离

(1) 取灭菌培养皿两副, 在培养基上注明分离日期、材料等。为减少细菌的污染, 在皿内滴 25% 乳酸 2～3 滴(也可在培养基中加入少量抗生素如链霉素)。如果能注意无菌操作, 并不一定要加入乳酸, 对有些真菌的分离(如藻菌)加入乳酸甚至不利于病菌的生长。

(2) 倾倒培养基平板。在无菌操作的条件下将熔化的 PDA 培养基倒入培养皿(试管或三角烧瓶)内, 轻轻摇动, 冷却后即成平板。

(3) 取玉米大、小斑病病叶, 经自来水冲洗, 选择典型的单独病斑连同周围 1～2mm 范围的健康组织剪下数小块(3～5mm²)。先在 70% 乙醇溶液中浸数秒后, 移入 0.1% 升汞液中消毒 40～60s。消毒时间的长短视病组织小块的大小、厚薄而定, 组织薄、小时消毒时间可短些, 到时间后立即将升汞倒去, 并迅速用灭菌水冲洗 3～4 次, 或用 10% 漂白粉溶液消毒 5min, 并用灭菌水冲洗 2～3 次。

(4) 用经过火焰 3 次灭菌的镊子将上述病叶小块移入培养皿中, 每副培养皿可均匀放入 4～5 块, 使病叶与培养基紧密接触, 然后将培养皿翻转放在 25～26℃ 的恒温箱内培养。

(5) 培养 3～4d 后, 在病组织周围长出菌丝体, 形成菌落。挑选典型而附近无杂菌的菌落, 在其边缘用接种针挑取带有菌丝尖端的培养基一小块, 移入试管中斜面培养基的中央(必要时先在平板培养基上纯化几次), 置于 25～26℃ 的恒温箱内培养数日, 获得纯菌种, 镜检并在冰箱中保存菌种。

2. 深层组织内病原真菌的分离(如果实、块茎等)

(1) 培养基制备如上所述。

(2) 选发生苹果炭疽病的果实(或甘薯软腐病的块茎), 用 70% 乙醇溶液擦洗果皮表面, 用火焰烧去多余的乙醇溶液, 重复 2～3 次进行表面消毒。

(3) 用灭菌的解剖刀将皮翘起, 在病健交界处取小块变色的带菌组织, 直接移入培养皿的培养基平板上, 排列均匀, 置于 25～26℃ 的恒温箱内培养。

3. 维管束病原真菌的分离

取棉花枯萎病茎秆, 先将组织表面消毒, 用灭菌的解剖刀剥去表面, 然后切取中央小块变色的维管束组织, 移植于培养基平板上培养。消毒方法视材料而定, 可先在 70% 乙醇溶液中浸数秒, 再用 0.1% 升汞液消毒, 最后用无菌水冲洗数次。培养方法同上。

4. 种子病原真菌的分离

将整粒种子或种子的一部分用 0.1% 升汞液或 10% 漂白粉溶液消毒, 用灭菌水洗涤后移至培养基上培养。对有些较大的种子也可将其浸入 95% 乙醇溶液中, 然后烧去乙醇溶液进行表面消毒。培养方法同上。

2.2.4　分离物的纯化步骤

为了满足进一步研究的需要,上述获得的分离物必须经过纯化,才能成为纯培养。纯化方法有单细胞分离法和连续稀释培养法,其中后者较为简便而常用。

真菌的连续稀释培养纯化法就是切取典型菌落边缘含菌丝的培养基小块,移植至平板培养基上,待其形成菌落后,再次在它的边缘切取培养,如此连续进行数次,即可移入斜面培养基试管中培养保存。

2.3　注意事项

(1)操作前必须准备好一切工具,并回忆操作内容及操作步骤的先后顺序,以免临时忙乱。

(2)倒好培养基,倾倒时培养皿的开口不宜过大。

(3)操作时要尽量创造无菌条件,动作要敏捷,避免杂菌混入。

(4)所用玻璃棒、镊子等均需要浸在95％乙醇溶液中,用时经火焰消毒。

实验三　小麦矮腥黑穗病和马铃薯癌肿病

3.1　实验目的

认识小麦矮腥黑穗病(*Tilletia controversa*)和马铃薯癌肿病(*Synchytrium endobioticum*)的症状特征及其病原冬孢子和休眠孢子囊的形态特征,学会区别小麦矮腥黑穗病与小麦网腥黑穗病。

3.2　实验材料和用具

小麦矮腥黑穗病和马铃薯癌肿病的镜检病害标本、盒装标本、照片等;光学显微镜、载玻片、盖玻片等。

3.3　实验内容

3.3.1　小麦矮腥黑穗病

1.症状特点

观察小麦矮腥黑穗病盒装标本、照片等,注意症状特点。

(1)病株极端矮化,病株高度仅为健株的 1/4～2/3。在病重田,穗头形成明显的两层,上层为健穗,下层为病穗。

(2)分蘖显著增多,病株分蘖一般比健株多一倍以上,可达 30 多个。

(3)小穗排列紧密,一般健穗每小穗的小花为 3～5 个,病穗小花为 5～9 个,甚至达 11 个,病穗紧密呈扭曲状,颖壳炸开状,病穗外观为暗褐色。

(4)病粒球形较硬,不易用手压破,破碎后呈块状。

2.病原形态特征

镜检小麦矮腥黑穗病菌的冬孢子,为淡黄褐色或棕色球形,大小 19～23μm,孢子外层有透明的胶质鞘和网状饰纹,常与未成熟的不孕孢子混在一起。注意它与小麦网腥黑穗病($T. caries$,简称 TCT)和小麦印度腥黑穗病($T. indica$,简称 TIM)病菌的冬孢子的形态区别。

3.3.2　马铃薯癌肿病

1. 症状特点

观察马铃薯癌肿病浸渍标本等,注意症状特点。该病是马铃薯生产上的毁灭性病害,病菌主要为害植株地下部分,地上部分的症状一般不明显。植株地下部的块茎、茎基部、匍匐茎、根系均可受害,长出畸形癌瘤。病菌主要从块茎芽眼外表皮侵入,并刺激周围寄主细胞和组织增生,形成淡白色癌瘤,后颜色逐渐加深为黄褐色畸形癌瘤,酷似花椰菜状,癌瘤最后变黑腐烂,并流出有臭味的褐色黏液。

2. 病原菌形态特征

镜检观察马铃薯癌肿病标本,该菌不形成菌丝体,是整体产果式的内生专性寄生菌。休眠孢子囊(休眠孢子或冬孢子囊)为球形或卵形,黄褐色,具厚壁,分为三层,内壁薄而无色,中壁光滑,金黄褐色,外壁厚,色较暗,具不规则的脊突,大小不一,直径 $25\sim75\mu m$,萌发产生游动孢子。休眠孢子是该菌鉴别的主要依据。

3.4　实验作业

1. 比较小麦矮腥黑穗病菌与小麦网腥黑穗病菌的冬孢子的差异。
2. 绘马铃薯癌肿病休眠孢子囊图。

实验四 棉花黄萎病、大豆疫病和玉米霜霉病

4.1 实验目的

识别棉花黄萎病(*Verticillium dahliae*)的症状特点及病原菌的形态特征,并区别棉花枯萎病。识别大豆疫病(*Phytophthora sojae*)和玉米霜霉病(*Peronosclerospora* spp.)的症状特点及病原菌的形态特征。

4.2 实验材料和用具

棉花黄萎病、棉花枯萎病、玉米霜霉病、大豆疫病的盒装标本、症状、病原照片等;光学显微镜、载玻片、盖玻片等。

4.3 实验内容

4.3.1 棉花黄萎病和枯萎病

1.症状特点

棉花黄萎病症状主要在花铃期,中下部叶片的叶缘和叶脉间变黄,叶片变硬变厚,最后变褐色干枯,呈掌状斑纹,叶缘稍向上卷。此外,每逢大雨后,常出现急性黄萎,即在叶脉间产生水渍状淡绿色斑块,叶片很快萎垂。剖开病秆观察,木质部导管呈淡褐色,潮湿时在病部产生白色霉层。注意与棉花枯萎病(*Fusarium oxysporum* f. sp. *vasinfectum*)相区别。棉花枯萎病发病较黄萎病早,症状有黄网型、紫红型、黄化型、青枯型,剖开病秆观察,木质部导管呈褐色,潮湿时在病部产生粉红色霉层。

2.病原菌形态特征

镜检棉花枯、黄萎病菌标本。分生孢子无色单细胞,椭圆形分生孢子常因水滴包围

而成顶端假头状着生。分生孢子梗轮生，每层可有分枝1～7枝，无色，顶端着生分生孢子。大丽轮枝菌(*Verticillium dahliae*)可产生大量黑色微菌核或称拟菌核，而黑白轮枝菌(*V. alboatrum*)的菌丝细胞可膨大加粗形成菌丝结，这一特征是两者的主要区别。

4.3.2　玉米霜霉病

玉米霜霉病是由霜指霉属(*Peronosclerospora*)的不同种引起的病害。侵染玉米的霜霉菌至少有4个种：玉米霜指霉或玉蜀黍霜指霉(*P. maydis*)、菲律宾霜指霉(*P. philippinensis*)、甘蔗霜指霉(*P. sacchari*)和高粱霜指霉或蜀黍霜指霉(*P. sorghi*)。

1. 症状特点

苗期发病，全株退绿，后渐变黄枯死。成株期发病，多从中部叶片的基部开始，逐渐向上蔓延，初为淡绿色长条纹，后变为黄白色条斑，不久条斑坏死变褐；条斑也可互相愈合，使叶片的下半部或全部变为淡绿色至淡黄色，以至枯死。发病株矮小，偶尔抽雄，一般不结苞，轻病株能抽雄结苞，但籽粒不饱满。在潮湿条件下，病叶的退绿条斑上长出霜霉状物。

2. 病原菌形态特征

从气孔上长出无色孢囊梗，基部细，有一隔膜，双分叉2～4次分枝，分枝粗壮，整体呈锥形，顶端小梗弯曲，着生一个孢子囊。孢子囊无色，长椭圆形至近球形。

4.3.3　大豆疫病

1. 症状特点

观察标本和照片，大豆疫病在大豆各生长阶段均可发生，病菌侵染植株的根、茎、叶等部位，造成种腐、根腐、茎腐等。受侵害植株的侧根几乎全遭破坏，主根变褐色，茎根部皮层和维管束组织变色、坏死。

2. 病原菌形态特征

观察病原形态特征，菌丝无隔多分枝，老熟后出现分隔，菌丝分枝角度大，近直角，分枝处有缢缩，常形成结节状或不规则的菌丝膨大体。孢囊梗无限生长，顶生一个孢子囊。孢子囊为倒梨形或长椭圆形，乳突不明显。孢子囊的形成有层出现象。游动孢子在孢子囊里形成，卵形，具有2根鞭毛。卵孢子为球形，壁厚、光滑，淡黄色至黄褐色。

4.4　实验作业

比较棉花黄萎病、棉花枯萎病症状，绘病原菌图。

实验五 植物细菌病害镜检技术

5.1 植物细菌病害症状识别及病原分离纯化技术

5.1.1 病原细菌症状特点

细菌病害的症状主要有坏死、腐烂、萎蔫和瘤肿等。在田间,这些症状又有以下几个特点:一是受害组织表面为水渍状或者油渍状;二是在潮湿条件下,病部有黄褐或乳白色、胶黏、似水珠状的菌脓;三是腐烂型病害患部往往有臭味。诊断细菌病害时,除了根据症状特点外,比较可靠的方法是观察是否存在溢菌现象。具体做法是:切取小块病组织放在玻片上,加一滴清水,加上盖玻片后立即置于显微镜下观察。若是细菌病害,则可以从病组织切口处看到有大量细菌呈云雾状流出,即溢菌现象。另外,也可用两块玻片将小块病组织夹在其中,直接对光进行肉眼观察,若是细菌病害也可见溢菌现象。

5.1.2 病原细菌分离纯化技术

1. NA 培养基配方

分离植物病原细菌常用的培养基是 NA 培养基,其配方为:牛肉浸汁 1g,酵母膏 2g,蛋白胨 5g,NaCl 5g,琼脂 15g,加水 1000mL,调节 pH 至 7.2~7.4,高压灭菌。

2. 分离材料的表面消毒

由于被分离材料表面存在着大量的腐生的非致病菌,因而表面消毒常是获得致病细菌的必要步骤。但是薄的叶片和一些鲜嫩的植物组织,就不宜采用消毒剂浸泡的办法,那样会杀死致病细菌。比较厚的组织,如小球茎、果实、茎切块、溃疡组织和瘿瘤,可以浸入 70%乙醇溶液处理后,过火焰消毒,并经 1%~5%次氯酸钠溶液处理适当时间后,用无菌水漂洗数次,方达到表面消毒之目的。

3. 从植物发病组织中直接划线获得致病细菌

从一些植物病部,通过直接划线方法就可获得致病细菌,特别是叶斑类病害,可以小心地撕下接近病健交界组织,并使其尖端刚好处在初期受侵染的组织处,用接种环轻轻地碰接发病组织的尖端,然后直接在 NA 平板上划线,分离致病细菌。

4.直接从菌脓和发病部的分泌物中分离致病细菌

许多植物病原细菌在发病组织表面可以产生菌脓或含有细菌的黏状物。青枯病、番茄溃疡病菌等都能通过挤压的办法获得菌脓,而水稻细条病菌则可在叶表形成整齐珠状的小菌脓。直接用接种环在 NA 平板上划线就可以分离菌脓中的致病细菌。

5.植物组织浸泡分离法

当小块的发病组织浸泡在无菌水或营养液中时,细菌就会很快从组织中游离出来,采用在 NA 平板上划线或平板稀释的方法可以获得致病细菌。Hayward 1983 年提出比较简单的方法,把小块发病组织放置在 NA 平板的边缘,加一滴无菌水于其上,静置15～30min,浸出液就在 NA 平板上划线分离。采用这种方法也可以直接推测植物致病细菌在组织中的种群大小,但浸泡时间可适当延长到1～2h。

6.植物组织的研磨匀浆分离法

该方法广泛地应用于分离植物病原细菌的工作中。采用解剖刀和研钵使表面消毒的发病组织匀浆化,然后再分离。一般叶部组织需要进行 30min 研磨匀浆,而茎部或瘿瘤组织则需要1～2h。另外,匀浆用的缓冲液最好采用 pH 7.0 的磷酸缓冲液(PBS),并及时分离,以免腐生菌大量生长干扰分离结果。

7.针刺法

用大头针刺入发病叶部组织(病健交界处)于适当的培养基上,在培养基表面形成一针刺点,然后培养,或在针刺点滴加无菌水后划线分离。

8.回接分离法

有些植物病原细菌很难分离。可以采用发病组织直接接种到幼嫩的利于分离的植物组织中,这样再在发病的幼嫩组织中纯化分离。

9.免疫分离法

免疫分离法是荷兰瓦赫宁根大学(Wageningen University)发展的一种方法。其原理是用抗血清包住固相支持物,吸附病原细菌,使得在培养基中长出菌落。

5.2 革兰氏染色反应及鞭毛染色技术

5.2.1 革兰氏染色反应

1.试剂

(1)结晶紫(0.5％水溶液,W/V)。

(2)鲁戈氏碘液:取 2g KI 溶于 25mL 的蒸馏水中,再加 1g 碘,溶解后再加水定容至 100mL。

(3)番红 O(0.5％水溶液,W/V)。

2.方法

(1)将细菌在干净的载玻片上涂布成稀薄的细菌悬液膜,风干,不加热,在火焰侧上方稍稍通过 2 次,使细菌固定在载玻片上。

(2)结晶紫液覆盖涂片 0.5～1min,自来水冲洗数秒钟,甩去多余的水,用吸水纸轻轻吸干。

(3)碘液覆盖 0.5～1min,用自来水冲洗数秒钟,吸干。

(4)番红 O 溶液复染 1～2min,自来水稍稍冲洗,吸干,镜检,观察细菌形态及颜色。

结果:革兰氏阳性菌——紫黑色;革兰氏阴性菌——红色。

3.氢氧化钾溶液测定法

在洁净的载玻片上滴加 1 滴 3％ KOH 溶液,用接种耳(环)取生长初期的细菌菌落,使 KOH 溶液与细菌菌体充分混匀直至成黏液。若提起接种耳,黏液扭成丝状,则为革兰氏阴性菌;黏液不能扭成丝状的,为革兰氏阳性菌。这一方法为革兰氏染色反应常规简易替代方法。

5.2.2 鞭毛染色反应

1.培养基

酵母膏 5.0g;K_2HPO_4 0.5g;$MgSO_4 \cdot 7H_2O$ 0.2g;NaCl 0.2g;琼脂 20.0g;蒸馏水 1000mL。调节 pH 至 7.1,121℃灭菌 15min,制成斜面。

2.接种和培养

将供试菌划线至斜面上,加 1mL 灭菌水,28℃培养 24～48h。

3.试剂

(1)单宁酸溶液(试剂 A)

单宁酸 5g;福尔马林(15%)2mL;氯化铁 1.5g;NaOH(1%)1mL;加蒸馏水至 100mL。或苯胺和 $KAl(SO_4)_2$ 饱和水溶液代替也可。

(2)铵化硝酸银溶液(试剂 B)

硝酸银(2%)100mL,留 10mL 硝酸银备用,在剩下的 90mL 中加入氢氧化铵,直至形成大量沉淀,再继续加氢氧化铵至沉淀消失为止,切勿过量。用备用的 10mL 硝酸银滴定至出现淡云雾状,用氢氧化铵和硝酸银调节 pH 至 10。勿用配制 4h 后的溶液。

4.实验步骤

(1)供试菌在上述培养基上培养好后,用油镜观察菌体的运动。
(2)采用枯草芽孢杆菌,为固生鞭毛作阳性对照菌。
(3)取 4~6 环接种至 10mL 灭菌蒸馏水中,25℃培养 1h。
(4)准备洁净载玻片。
(5)移置 2~3 环细菌悬浮液于载玻片一端点,慢慢提起玻片的一端,让悬浮液滴流至载玻片的另一端,风干,勿过火焰,以免损坏鞭毛。
(6)用试剂 A 覆盖涂片 3~5min,然后用蒸馏水淋洗。在这期间试剂 B 分装在试管中,每管 5mL,在沸水中保温。
(7)试剂 B 处理 1min,立即用蒸馏水冲洗。
(8)风干后油镜检查。结果:背景透明至金色,菌体及鞭毛染成深褐色至黑色。

5.3 生理生化反应检验鉴定技术

5.3.1 氧化酶试验

应试菌在 NA 上生长 24h,取 1 小环(一定要使用白金环)菌体涂在用 1%(W/V)二盐酸四甲基对苯二胺水溶液(用 50%乙醇溶液配成 1%溶液)浸透的滤纸上,0.5min 内产生紫色的菌株为氧化酶阳性反应,0.5~1min 内出现紫色为推迟阳性反应,1min 以后无论有色或无色均为阴性反应。

5.3.2 过氧化物酶试验

过氧化物酶试验是在 NA 培养基上,滴加 1 滴 3%过氧化氢溶液,溶于培养物上,5min 内若产生气泡者,为阳性反应;反之,不产生气泡者为阴性反应。

5.3.3 TTC 培养测定

经加热化开后的 NA 培养基在 55℃时加入 TTC(Triphenyl Tetrazolium Chloride),

使 NA 含量为 0.1%，TTC 含量为 0.02%。经 2 天培养青枯病菌 *Ralstonia solanacearum*（*Pseudomonas solanacearum*）菌落，如果出现黏液状，白色或苍白色中央红色的即为毒性野生型菌株，如果为奶油状，且深红色常伴有蓝色边缘的即为无毒性的突变株。而且毒性 *P. S.* pv. *phaseoliola* 菌落为红色，无毒性菌株为白色。

5.3.4 碳水化合物的氧化和发酵试验（简称 OIF 试验）

1.培养基

$NH_4H_2PO_4$ 1g；KCl 0.2g；$MgSO_4 \cdot 7H_2O$ 0.2g；蛋白胨 1g；溴百里酚蓝 0.03g；琼脂 3g；蒸馏水 1000mL。

先加 $NH_4H_2PO_4$、KCl、$MgSO_4 \cdot 7H_2O$ 和蛋白胨于蒸馏水中，用 40% NaOH 溶液调 pH 为 7.0～7.2，后加琼脂和溴百里酚蓝，加热熔化后，在 121℃下灭菌 15min，冷却后培养基应呈绿色至蓝绿色。

2.碳水化合物过滤灭菌

选用 0.45μm 或 0.2μm 孔径的细菌过滤膜，置于过滤器上，然后用医用注射器吸取碳水化合物溶液，接上过滤器，在无菌条件下加压，通过过滤器把碳水化合物注入熔化的基础培养基中。若加压时无阻力，说明细菌过滤膜损坏或击穿，要重新换一个过滤器。

注意：分装试管时不制成斜面。

3.培养和接种

用接种针取生长初期的细菌，针刺接种至含碳水化合物培养基的试管底部，以不接种的为对照。若为厌氧发酵试剂，则加 1～2cm 厚的矿物油层。在 28℃下培养 3 个星期。

该项试验可测定细菌利用碳水化合物和相类物产酸、产气的能力，也可以测出细菌是否为好氧菌或兼性厌氧菌，但采用不同方法其结果也有差别，需考虑比较。溴百里酚蓝从蓝色变成黄色，说明该菌具酸化能力；产气试验宜在半固体培养基上观察气泡产生；菌体的生长量试验要注意设阴性对照。

5.3.5 硝酸盐还原试验

1.培养基

蛋白胨 5.0g；酵母浸膏 1.0g；K_2HPO_4 5.0g；KNO_3 1.0g；琼脂 3.0g；蒸馏水 1000mL；pH 7.2。

培养基分装试管，在 121℃下灭菌 15min。

2.试剂

(1)A 液

1.6g 苯磺胺酸加到 60mL 冰醋酸和 140mL 水中,在 50～55℃温水浴中加热至溶化。

(2)B 液

0.2g 8-氨基-2-萘磺酸(8-amino-2-napthalenesulfonic acid)加 120mL 蒸馏水,在 50～55℃温水浴中加热溶解,然后加 30mL 冰醋酸。

3.接种、培养及结果检验

取新鲜的细菌培养物针刺接至试管培养基中,28℃培养 3～5d 后,每管加 0.5mL A 液和 B 液,振匀,静置 5min,若呈红色或粉红色,说明 NO_3 被还原成 NO_2,结果呈阳性反应。若呈弱粉红色,或不出现颜色,加入少许锌粉,摇匀后静置。若出现红色或粉红色,则意味着 NO_3 没有被还原成 NO_2,结果呈阴性反应;若不出现颜色则说明 NO_3 被还原成 NO_2 后,NO_2 进一步被还原成 N_2,结果应为阳性反应,有时被称为反硝化作用。

注意:培养基中出现气泡意味着有氮气产生;不能过多地加入锌粉以免影响结果。

5.3.6 明胶液化

在 NA 培养基中加 0.4％明胶,分装试管在 121℃下灭菌 15min,针刺接种待测细菌,在 28℃下培养 48～72h,观察液化状况。

5.3.7 淀粉水解(简称 SSA)

1.培养基

酵母浸膏 3.0g;蛋白胨 5.0g;可溶性淀粉 2.0g;琼脂 15.0g;蒸馏水 1000mL;pH 7.2。

加琼脂前用 40％ NaOH 溶液调 pH,分装后在 121℃下灭菌 15min。

2.培养测定

含可溶性淀粉的培养基平板表面保持干燥,点接待测细菌(一平板可同时点接几株不同细菌),28℃培养 3～5d 后加鲁戈氏碘液,出现褐色的区域且边缘明显的,为阳性反应,但阴性反应需要再培养一段时间后确定。本试验若采用马铃薯淀粉则效果更佳。

5.3.8 植物病原细菌初步鉴定方法

植物病原细菌鉴定的一般步骤见图 5-1。

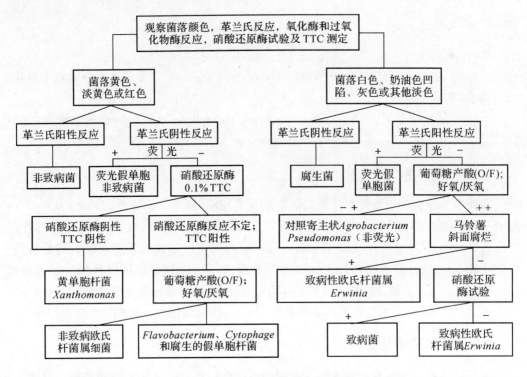

图 5-1　植物病原细菌鉴定一般步骤

5.4　噬菌体

5.4.1　概　述

应用噬菌体可检测、鉴定植物病原细菌并为其分类;研究细菌流行学和生态学,包括确定细菌株间的相互关系和株系的差别以及估测菌种群的大小;研究细菌的致病性、毒性、寄主与病原细菌相互关系;预测病害的发生;进行病害控制。然而,噬菌体在植物细菌学上的应用是有限的(Billing,1969;Billing 和 Garrett,1980)。尽管交叉反应在不同属细菌株间很少发生,但不同细菌对某一噬菌体具有相同的敏感性。目前我们对噬菌体的遗传重要性了解得很少。通常强调的是为了鉴别细菌的致病型而鉴定和选择噬菌体。正是不同细菌株系对某一噬菌体具有相同的敏感性,影响了我们进一步认识细菌株系间的相互关系,何况目前植物病原细菌噬菌体的分类系统还未建立。总之,植物细菌噬菌体有待进一步研究,有多方面的应用潜力。噬菌体方法通常方便、简单、快速且省费用。

1.噬菌体专化性

一些噬菌体具有光谱性,对几种寄主细菌起作用,另一些则具高度的专化性。然而,绝对专化作用是很少见的,故必须明确某种或某一组噬菌体的专化程度。一般来说,从土壤中分离所得的黄单胞杆菌(*Xanthomonas*)多价噬菌体,噬菌斑小而模糊,具有广谱的寄主范围,而另外从植物组织中分离所得的噬菌体,噬菌斑大,寄主范围窄(Coto,1965;Goto 和 Starr,1972;Klenent 和 Lovas,1959;Stolp 和 Starr,1964;Sutton 等,1958)。针对各种 *X. campestris* 致病变种,单价的黄单胞杆菌属(*Xanthomonas*)的噬菌体具有高度的专化性(Billing 和 Garrett,1980;Goto 和 Starr,1972;Hayward,1964a;Klement,1959;Liew 和 Alvarez,1981;Sutton 和 Quadling,1963)。多价噬菌体可寄生在从植物组织和其他地方分离到的致病和腐生假单胞细菌上(Billing 和 Garrett,1980;Crosse 和 Garrett,1961;Stolp,1961)。尽管致病的假单胞杆菌之间及致病与腐生的假单胞杆菌间都具有相同的噬菌体敏感性,但据报道仍能利用噬菌体区分假单胞杆菌的致病类型(Billing,1970;Billing 和 Garrett,1980;Crosse 和 Garrett,1961;Cuppels,1983;Persley 和 Crosse,1978)。

确定某一未知的噬菌体需测定对几种已知病原细菌株系的作用,包括来自不同寄主植物和不同地理区域的细菌体系,与病原细菌联系紧密的表面腐生细菌,特别是那些普遍被认为与已知病原细菌有关的细菌。噬菌斑的形态、分离效率、对寄主细菌吸附的动力学也都是特定的噬菌体—寄主细菌组合所表现出的重要特征。

在噬菌体的繁殖过程中,特别是当该过程中寄主细菌菌株改变和(或)噬菌体繁殖条件改变,都会出现噬菌体的变异及噬菌体寄主范围的改变。通过在不同致病型或同一致病型中不同菌株中的培养,改变寄主范围,从而既可扩大噬菌体的寄主范围,也可促进噬菌体的专化性(Billing 和 Garrett,1980)。

2. 噬菌体的来源

噬菌体可从寄主细菌存在的自然环境中分离所得。植物病原细菌噬菌体的来源包括病株病斑、带菌和感病的种子、病株底下的土壤、灌溉水、溶性和携带(即非整合噬菌体)噬菌体的细菌菌株(Okabbe 和 Goto,1963;Billing,1969;Billing 和 Garrett,1980;Persley,1983)。一般来说,从病组织中分离得到的噬菌体比土壤中的专化性强(Okabbe 和 Goto,1963;Stolp 和 Starr,1964;Billing,1969;Billing 和 Garrett,1980;Goto 和 Starr,1972;Persley,1983)。然而,据报道高度专化的植病细菌噬菌体也可从植株底下的土壤中分离所得(Billing 和 Garrett,1980;Persley,1983)。从食物和下水道的污物中也可以分离到对植病细菌具有活性的噬菌体。

5.4.2　研究方法

分离、提纯和制备高效价(HT)噬菌体的一般方法(Adams,1959;Primrose 等,1982)都可以用来研究植物病原细菌噬菌体(Okabbe 和 Goto,1963;Billing,1969;Billing 和 Garrett,1981;Grosse,1959;Persley,1983),针对植病细菌噬菌体特殊情况,可做相应的修改(Crosse 和 Hingorani,1958;Klement 和 Lovas,1959;Stolp 和 Starr,1964)。通常将指示菌或检测细菌与不含细菌的噬菌体液混合在一起,通过在半固体培养基上形成噬菌斑,在液体培养基中噬菌体溶解细菌使培养汁液变澄清,确定噬菌体的毒性。

1. 生长条件

适于指示细菌快速生长的一般条件(例如温度、空气和培养基)通常也能满足噬菌体的繁殖需求(Billing,1969;Billing 和 Garrett,1980;Persley,1983)。在培养过程中离子环境与噬菌体被寄主吸附速度有关(Billing,1969)。一些噬菌体需要二价阳离子,例如 Ca^{2+} 或 Mg^{2+}(Billing,1969)。普通细菌培养基中的成分虽不是最佳,但常能满足噬菌体所需的二价阳离子(Billing,1969)。提倡将寄主细菌最佳培养温度作为噬菌体的培养温度。

2. 噬菌体的分离和细菌的灭活

对含有噬菌体的细菌液通过离心(5000~10000r/min,15~20min)可获得噬菌体上清液(Billing,1969),然而,一些活动性强的菌体仍保留在上清液中,必须予以去除。通过细菌过滤膜和 Seitz 或 Sintered 玻璃滤器可以去除细菌细胞,然而噬菌体吸附在过滤物上,降低噬菌体的产率或在噬菌体效价低的情况下噬菌体的作用完全丧失。因此,过滤器需经 NB 或 0.1%~1%蛋白胨液(例如牛血清蛋白、卵清蛋白)预先浸洗。

采用 1:10~1:20 的氯仿溶液处理杀死噬菌体混合液中的细菌,方法简单,然而一些噬菌体可能在氯仿溶液中失活。通过震荡、静置,氯仿液便可在噬菌体悬浮液中分层出来。稳定的噬菌体通常保留在氯仿溶液的上层悬液中。许多噬菌体比寄主细菌具更强的热稳定性(Billing,1969),因此,选择适当的温度和处理时间就可以杀死寄主细菌而不影响噬菌体的效价。

3. 平板法

分离噬菌体常用几种平板方法(Billing,1969;Billing 和 Garrett,1980;Persley,1983),其可使细菌在平板上形成一个生长层。

平板法要求培养基平板的厚度均匀,噬菌体具有生长活性,指示菌液浓度达到 10^6~10^8 个细胞/mL。指示菌液的具体用量因细菌菌株、培养物及培养基的量而异。噬菌斑的大小受琼脂的浓度影响,0.6%~0.7%软琼脂是常用的形成噬菌斑介体,根据琼脂的型号(Billing,1969;Billing 和 Garrett,1980),也可采用 1%~1.5%的琼脂。根据平板方法及噬菌体—寄主系统的差异,10cm 直径培养皿选择 5~20mL 琼脂培养基即可;也可根据噬菌斑的大小和其边缘清晰度确定噬菌体悬液稀释度,使每皿含 100~300 个噬菌斑。

倒皿法即当熔化的培养基(5~10mL)冷却至 45~50℃时,倒入浓度为 10^6~10^8 个细胞/ mL 的寄主细菌液和适当浓度的噬菌体液,混匀后倒入培养皿中。另一种方法是先把含有指示菌的熔化的培养基倒入培养皿中,制成平板,再把不同浓度的噬菌体液用玻璃棒或接种环转移或划线至培养基平板上面。待噬菌体全部被吸附之后进行培养。

双层琼脂法或称覆盖法,是一种最常用的噬菌体分析的平板方法。首先熔化的 1.5%~2.0%营养培养基(每皿 10mL)倒入培养皿中,做底层固体培养基平板。然后将熔化的软琼脂培养基冷却至 45～47℃时,加入指示细菌液和噬菌体,混合后立即倒入上层平板铺平。调节含噬菌体细菌液及软琼脂的用量,使软琼脂的最后浓度为 0.6％～0.7％,最后混合物用量为 3～5mL,底层营养琼脂(1.5％～2.0％)用量也应作调节。

表面平板法即将 3mL 寄主细菌液均匀涂布于 1.8％琼脂培养基平板上,吸出多余的寄主细菌液。再把 0.3mL 噬菌体液均匀涂抹于平板上,进行培养。

双层琼脂法常用于检测形成小噬菌斑的噬菌体。倒皿法比较方便,且能节省试剂和时间。双层琼脂法和倒皿法是可用于测定噬菌体的定量方法。根据测定样品的稀释度和噬菌斑的数量也可计算噬菌体的效价。将未经稀释的噬菌体液用划线法接种至含指示菌的平板上,可分离获得单个噬菌斑。

4.自然来源

当分离材料是固体物质(例如发病植物组织、种子和土壤)需用缓冲液制成液体提取液。直接分析时,提取液可用低速离心或过滤清除残留杂质,再进行细菌膜或氯仿处理去除细菌,或将提取液用适当的培养基处理,然后培养 24～28h,让噬菌体在分析之前在自然寄主细菌中繁殖。

液体材料(例如灌溉水、雨水和污物)经过过滤和灭菌处理后即可直接分析测定。然而,在分析之前必须采用不同的超速离心、超过滤法(ultrafiltration)或沉淀方法处理,以加强噬菌体液的浓缩。

当最初某一寄主上的噬菌体浓度低时,就有必要加入寄主细菌以促使噬菌体繁殖。一般噬菌体样品提取物混入 20～50mL 对数生长期的寄主细菌培养物,在适当的温度下震荡培养(轻微震荡)20～48h,经澄清和灭菌处理后的上清液方可用于噬菌体分析。

5.溶性菌体

根据不同条件,溶性(和携带噬菌体)细菌株可能含低浓度的噬菌体(液体培养物),或由于某一小部分细菌被溶解而"偶然"产生几个噬菌斑(固体培养物)。在适当的指示细菌或繁殖细菌株中,温和性噬菌体可以继续繁殖,噬菌体的浓度便可增加。通过诱导溶性细菌的繁殖来提升噬菌体的浓度的方法有如下两种。

紫外线照射诱导,即取对数生长期的具有活性的细菌培养物,加入无菌 0.9％NaCl溶液中,重新离心收集,再重新悬浮于适当的缓冲液(如磷酸缓冲液)中,将含浓度为 10^6～10^7 个细胞/mL 的细菌悬浮液涂在培养皿或玻璃板上,要求液层的厚度不超过 2mm,保持轻微振荡,用紫外线(波长 254nm)照射 2min(照射的时间可依噬菌体—寄主细菌系统的不同而异)后,将细胞悬液转移到等体积的、新鲜的、加入双倍营养成分的培养基中,在适当的条件下暗培养,让噬菌体繁殖,上清液可用于噬菌体分析。

Mitomycin C (一种抗生素)诱导,即将该抗生素加入 2～10mL 对数生长期经振荡培养的细菌液体培养物中,在适当的培养基中保证抗生素的浓度为 0.1～1μg/μL,培养 2～4h 后,培养物用等体积新鲜的培养基稀释,再培养 6～18h,离心去除细菌,上清液用于噬菌体分析。

6.附加方法

由于某种需要,可靠的分离、浓缩、鉴定和计数噬菌体方法是非常有用的(Primrose 等,1982)。这些方法包括与指示菌混合法、蔗糖密度梯度速率沉淀、CsCl 密度梯度离心、$(NH_4)_2SO_4$ 或 PEG 6000(2%~7%)+NaCl(0.1~0.5mol/L)沉淀、电子显微镜和针对结构特设(例如含脂肪)的噬菌体选择性抑制物等。核酸杂交技术也可用来检测计数样品中的某一噬菌体。例如,从寄主细菌中释放出来的游离的噬菌体 DNA 在噬菌斑中就能发现。将这些 DNA 转移到硝酸纤维膜上,就能检测出单斑中的 DNA,采用标记的已知噬菌体 DNA 和 RNA 与待测噬菌体原位杂交也可鉴定该噬菌体(Benton 和 Savis,1977;Primrose 等,1982)。

7.噬菌体提纯

初分离的平板可含各种噬菌体。一个噬菌斑来源于一个噬菌颗粒(Adams,1959;Billing,1969)。用接种针和牙签刺入噬菌斑,然后转移浸湿于 1~3mL 灭菌培养基中,常温或 25℃培养几个小时。悬浮液稀释物重新制成平板,获得分布均匀一致的单斑。该步骤需重复至少 3 次,获得的单斑用于进一步分析。

8.高效价噬菌体制备

在转代繁殖过程中噬菌体会出现寄主范围的改变,即噬菌体诱变,因而需要有充足的高效价(HT)的噬菌体(Billing,1969;Billing 和 Garrett,1980)。温和性噬菌体的 HT 是很难获得的,然而烈性噬菌体的 HT 每毫升应含 10^9~10^{12} 个斑。

表面平板法或琼脂层法需用 15~20mL 琼脂,噬菌体—寄主混合物因产生最大量的噬菌体而最有可能产生高效价的噬菌体(Adams,1959;Billing,1969)。噬菌体和寄主细菌量可先做测定。噬菌体收集的方法是,适当加入 5~10mL 培养基(即缓冲液或噬菌体培养液),淹没琼脂表面,让噬菌体重新悬浮,要求在室温或 25℃下保持 0.5~5h,倒出噬菌体液或吸取(小心仔细)噬菌体液,残留的噬菌体可用 1/2 体积的培养液做第 2 次提取,然后将其混合在一起。上述制备液可进行低速离心和过滤灭菌或氯仿处理,得到噬菌体液。培养皿反置在氯仿液上(1∶20)有利于噬菌体的释放,可增加效价。噬菌体计数过程见图 5-2。

9.噬菌体的贮藏和保存

常将噬菌体贮藏在 0~5℃的营养培养液中(Adams,1959;Billing,1960;Billing 和 Garrett,1980)或冰冻干燥(Billing 和 Garrett,1980;Persley,983)保存。一些噬菌体也可以贮藏在含二价阳离子的缓冲液中,例如 Mg^{2+}(0.001~0.1mol/L)+25%甘油的适当的缓冲液(0.01~0.1mol/L 磷酸盐、硼酸盐、柠檬酸盐或 Tris-HCl,pH 7.0~7.5)中,−70℃保存。

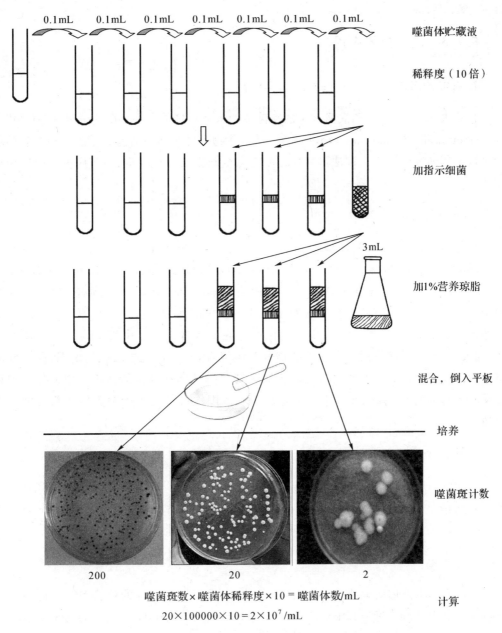

图 5-2　噬菌体计数过程

10.噬菌体繁殖敏感性试验

将混有细菌悬液的熔化琼脂制成上述试验提到的平板,加 10~20mL 的烈性噬菌体液,让噬菌体在平板上吸附后培养在 27~30℃的培养箱中,通过系列稀释测定法(RTD),保证噬菌体稀释液刚好在平板中形成噬菌斑(出现明显、模糊或单斑区域都定为阳性反应)为宜(Adams,1959)。低浓度的噬菌体液若仍具溶菌活性则往往说明该噬菌体敏感性强,效价高。

5.4.3 噬菌体的应用

1.病害预测

自然来源,例如露水和灌溉水中的噬菌体的浓度直接与寄主细菌的浓度有关(Billing和 Garrett,1980;Okabe 和 Goto,1963)。某一作物中针对某一细菌的噬菌体种群量的增加可以预测病害的发生。该法可靠性还没有完全确立,在防治植物细菌病害上的应用还不广泛。

2.活细菌检测

利用噬菌体技术可以检测种子(Katznelson 和 Sutton,1951;Lovrekovich 和 Klement,1962;Okabe 和 Goto,1963)、芽(Baldwin 和 Goodman,1962;Billing 和 Garrett,1980)、灌溉水(Miznkammi 和 Wakimoto,1969;Okabe 和 Goto,1963)和有关作物的根系和杂草上的活细菌。将已知浓度和专化性的某一噬菌体加入样品的提取液中,经培养,噬菌体效价增加,即推测该样品中有病原菌存在。或者在样品中直接检测噬菌体的存在,加入指示细菌(病原菌),在适当的培养基中混合培养,观察噬菌斑的出现,即可推测该病原菌的存在。假阴性的结果是由于缺乏某一噬菌体和细菌的互相作用或样品中存在噬菌体的抑制物(Garren 和 Billing,1980)。假阳性可能是由于噬菌体在相关细菌中繁殖。

3.病害诊断

噬菌体病原菌鉴定法直接有助于病害的诊断,进而可分离未知病原菌。检测发病植株中的噬菌体的存在也可作为病害诊断中分离植物病原菌的替代办法(Billing 和 Garrett,1980;Hayward,1964a)。

4.株系鉴别

通过鉴别噬菌体的敏感性,一些细菌的菌株,包括致病变种的致病型可以得到鉴别(Bennett 和 Billing,1978;Billing,1960,1970;Billing 和 Garrett,1980;Cresse 和 Garrett,1963;Cuppels,1983;Dye 等,1980;Hayward,1964;Kaufman 和 Pantulu,1972;Liew 和 Alvarez,1981;Okabe 和 Goto,1963;Stolp 和 Starr,1964;Sutton 等,1958;Sutton 和 Wallen,1967;Thomas,1947;Wakimoto,1978),但通常很难成功。一般来说没有一种噬菌体能溶解所有的细菌,也没有一种细菌能被所有的噬菌体所溶解(Billing 和 Garrett,1980;Persley,1983;Stolp 和 Starr,1964)。要形成一种能接受的噬菌分型模式,需对噬菌体和细菌株(来自不同的地理环境和来源)进行广泛试验。其他因素,例如噬菌斑形态(如大小、清晰或模糊、晕圈的存在与否)和平板效率或与繁殖细菌有关的 RTD 浓度也应考虑。

5.细菌毒株

某一噬菌体可以用来研究寄主与病原的相互关系,包括寄主专化性、毒性决定簇和细菌细胞的结构(Bennet 和 Billing,1978;Billing,1963,1970;Billing 和 Garrett,1980;Crosse 和 Garrett,1961;Garrett 等,1974;Persley 和 Crosse,1978)。对于某些植物细菌的毒性和非毒性菌株的分子水平的研究涉及细胞表面的组分、与寄主的作用机制及表面多糖(例如 EPS、LPS)所含植物病原细菌噬菌体的接受位点(Anderson,1980;Bennett 和 Billing,1978;Garrett 等,1974;Quirk 等,1976;Smith 等,1985)。

6.遗传研究

普通和专化性的噬菌体可用作转导染色体的材料。这些噬菌体可以用来研究遗传标记的线性图谱,进行遗传分析,包括致病基因分析。植病细菌中噬菌体介入的遗传分析研究范围是有限的,需发挥其潜力。

第二篇

植物检验检疫

——检疫性害虫部分

实验六 鞘翅目植物检疫性害虫(一)

——一般鉴定特征观察

6.1 实验目的

通过实验掌握鞘翅目检疫性害虫及幼虫在分类鉴定中常用的形态特征。

6.2 实验材料

6.2.1 成虫

1.针插干制标本

步甲、皮蠹、长蠹、金龟甲、天牛、豆象、叶甲、象甲、小蠹、谷盗、拟步甲、锯谷盗、扁甲等科的针插标本。

2.触角玻片标本

丝形、念珠形、锯齿形、栉齿形、鳃叶形、棒形、锤形、膝形等。

6.2.2 幼虫

步甲、皮蠹、长蠹、金龟甲、天牛、豆象、叶甲、象甲、小蠹、谷盗、拟步甲、锯谷盗、扁甲等科的幼虫浸渍标本。

6.3 实验内容和方法

6.3.1 成虫特征观察

所有鞘翅目成虫的外壳都很坚硬,如披肩胄,故通称为甲虫或虫甲。鞘翅目一般分为肉食亚目（Adephaga）、多食亚目（Polyphaga）和管头亚目（Rhynchophora）三个亚目，有些学者仅将其分为两个亚目，把后两个亚目合并为多食亚目。三个亚目成虫主要区分特征如表 6-1、图 6-1、图 6-2 所示。

表 6-1　鞘翅目成虫亚目区分表

部位	肉食亚目	多食亚目	管头亚目
头	触角丝形为主；腹面有发达的外咽片	触角丝、锯齿、栉齿、鳃叶、棒、锤；有外咽片	触角膝形为主；额或多或少延伸成喙，外咽片消失，仅一条外咽缝
前胸腹面	有背侧缝及侧腹缝	仅侧腹缝	背侧缝及侧腹缝均已消失，呈筒状
后足基节	斜生，将第一腹板分割成左右两片	横生，不将第一腹板分割成左右两片	横生，不将第一腹板分割成左右两片

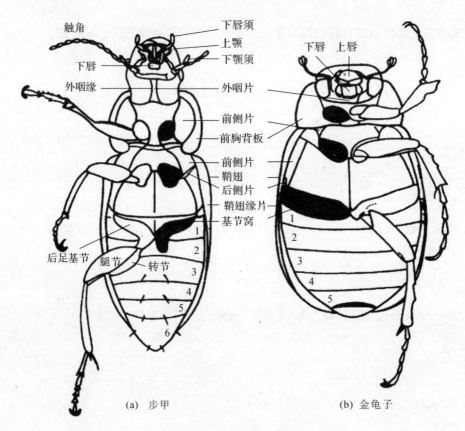

(a) 步甲　　　　　　　　(b) 金龟子

图 6-1　步甲和金龟子腹面

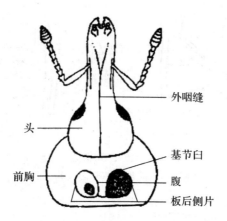

图 6-2　象甲昆虫头部和前胸腹面显示外咽缝合并及前胸侧片左右相遇

1.观察所供成虫针插标本,了解分类主要形态特征

(1)头部

步甲、天牛、豆象等头部腹面可见外咽片及两条外咽缝,象甲外咽片消失,仅见外咽缝。

(2)前胸

甲虫前胸一般都很大,各种形状(长方形、方形、梯形、风帽形、葫芦形等)以及各种刻点、瘤突、隆脊、凹沟等都可作为分类特征。

1)观察各科的前胸背面,注意各自的背板特征。

2)观察步甲前胸腹面,找出背侧缝及侧腹缝;观察天牛前胸腹面,找到侧腹缝;观察象甲,注意与上面两科的差异。

3)观察小圆皮蠹成虫腹面,注意触角窝位置及形状。

(3)中、后胸

甲虫中后胸背板被鞘翅所覆盖,仅在两鞘翅合缝处的基部露出中胸小盾片(有圆形、三角形、半圆形、方形、长方形和五边形等各种形状),观察各针插标本小盾片形状。

(4)足

1)基节窝(见图 6-3)的形状:基节着生的形式分为闭式和开式,基节窝周围被其所着生的胸节的骨片(腹板和侧板)所包围的叫作闭式,基节窝靠近其着生节的后缘,后面未被着生节的骨片所包围的叫作开式。

2)跗节(见图 6-4):植物检疫性甲虫的跗节为 5 节,其中天牛、叶甲、豆象、象甲等科为"隐 5 节"(第 4 跗节小,藏于第 3 跗节的中央凹陷内而不明显,粗看似为 4 节,故也称为"拟 4 节"),观察各科足的跗节式。

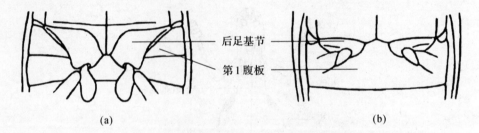

（a）前足基节窝闭式；（b）前足基节窝开式

图6-3　前足基节窝闭式和开式

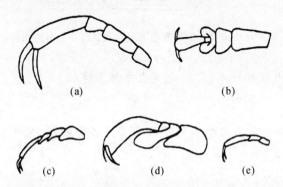

a）5节类；（b）拟4节类；（c）4节类；（d）拟3节类；（e）3节类

图6-4　鞘翅目昆虫跗节类型

2.观察所供玻片标本

观察鞘翅目各种触角类型（见图6-5和图6-6）。

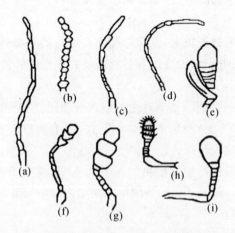

（a）步甲科 *Harpalus* 属；（b）条脊甲科 *Rhysodes* 属；（c）窃盗科 *Tichedema* 属；（d）伪叶甲科 *Arthromacra* 属；（e）鼓甲科 *Dineutus* 属；（f）露尾甲科 *Lobiopa* 属；（g）皮蠹科 *Demestes* 属；（h）小蠹科 *Hyluropinus* 属；（i）阎甲科 *Hoplolepta* 属

图6-5　鞘翅目昆虫触角（一）

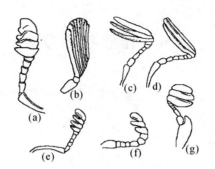

(a)藏甲科 *Nicrophorus* 属；(b)羽角甲科 *Sandolus* 属（雄）；(c)(d)金龟子科 *Phyllophaza* 属；(e)锹甲科 *Lucanus* 属；(f)黑科 *Passalus* 属；(g)金龟子科 *Trox* 属

图 6-6　鞘翅目昆虫触角(二)

6.3.2　幼虫特征观察

1.体型

(1)蠕虫型

体细长,胸足短而弱,行动缓慢,如拟步甲幼虫。

(2)拟蠋型

体较柔软,胸足短而弱,行动不活泼,如甲虫、皮蠹等幼虫。

(3)蛴螬型

体柔软而肥胖,向腹面弯成 C 形,胸足细弱或退化,不善或不能爬行,如金龟甲、长蠹等幼虫。

(4)蛃型

体表较硬,胸足发达,行动敏捷,如步甲的幼虫。

(5)无足型

体柔软,胸足消失,不能爬行,多为内蛀性幼虫,如天牛、象甲、豆象、小蠹等科的幼虫。

2.幼虫标本

观察所供各幼虫标本,识别头式及蜕裂线形状,触角的节数。

3.幼虫气门

观察各幼虫标本的气门形状(椭圆形、圆形、双孔型等)。

6.4　作业与思考题

1.根据所供检索表列表比较皮蠹、金龟甲、天牛、豆象、叶甲、象甲等科的成虫。

2.请简述鞘翅目与人类的关系。

附录

鞘翅目亚目检索表

1.头部不延长成喙状,外咽缝2条;前胸腹板缝明显 ··· 2

　头部通常延长成喙状,外咽缝合并成1条或消失;无前胸腹板缝。植食性 ···································

　··· 管头亚目 Rhynchophora

2.腹部第1节腹板被后足基节臼所分割,左右各成为三角形片;中间不相连。前胸背板与侧板间有明显

　的分界线。肉食性 ·· 肉食亚目 Adephaga

　腹部第1节腹板完整,中间不被后足基节臼所分割。前胸背板与侧板间无明显的分界线,多愈合在一

　起。食性不一 ·· 多食亚目 Polyphaga

检疫性甲虫分科检索表(成虫)

1.腹部第1腹板被后足的基节臼划分为左右2片,前胸有背侧缝,两侧角间的距离大于上唇的宽度,肉

　食性 ··· 步甲科 Carabidae

　腹部第1腹板完整,不被后足的基节臼分割,前胸无背侧缝,植食性 ·································· 2

2.头不延长成喙,两条外咽缝分离 ·· 3

　头多少延长成喙状,两条外咽缝愈合或消失 ··· 8

3.触角鳃叶状,末端3~5节向一侧延伸,通常形成锤状,后足着生位置近中足而远腹末 ···············

　··· 金龟子科 Melolonthidae

　触角非鳃叶状 ·· 4

4.跗节为隐5节 ··· 5

　跗节非隐5节 ··· 7

5.触角一般长于体长的2/3,复眼肾形,木蠹性 ······················· 天牛科 Cerambycidae

　触角一般短于体长的2/3,复眼圆形 ··· 6

6.触角锯齿或栉齿状,眼有"V"形缺刻,鞘翅短、臀板露出,蛀食豆粒 ·········· 豆象科 Bruchidae

　触角丝状,眼无缺刻,鞘翅盖住腹末 ··· 叶甲科 Chrysomelidae

7.头部通常有一单眼,后足基节扁平而阔,可容纳腿节 ······················ 皮蠹科 Dermeatidae

　头部无单眼,头被前胸所覆盖,跗节第1节小 ······························· 长蠹科 Bostrychidae

8.头部喙很短或不明显,触角短小,锤状,前足胫节有齿 ····················· 小蠹科 Scolytidae

　头部喙突出,无上唇,触角通常呈膝状 ·· 象甲科 Curculionidae

检疫性甲虫分科检索表(幼虫)

1.胸足5节,具2爪或1爪,第10腹节有伪足,腹部无倒生的钩 ·················· 步甲科 Carabidae

　胸足4节,具1爪 ·· 2

2. 体弯曲呈"C"形 ……………………………………………………… 3
　体直或略弯,但不是"C"形 …………………………………………… 7

3. 无胸足或仅有痕迹 …………………………………………………… 4
　胸足发达 ……………………………………………………………… 6

4. 胸足极退化,仅留痕迹,蛀食豆科种子 ………………… 豆象科 Bruchidae
　无胸足 ………………………………………………………………… 5

5. 前胸比中胸小,蛀食果实、种子、潜叶、虫瘿 ………… 象甲科 Curculionidae
　前胸比中胸长,在树皮或木质部做隧道 ……………… 小蠹科 Scolytidae

6. 气门圆形,前胸气门位于后部 ………………… 长蠹科 Bostrychidae
　气门肾形或弯成 C 形,肛门横裂 ……………… 金龟子科 Melolonthidae

7. 胸足发达 ……………………………………………………………… 8
　胸足退化,前口式,前胸背面骨化,气门椭圆形 ……… 天牛科 Cerambycidae

8. 体密被长毛,并有成束的鳞状毛及分枝毛,室内危害 … 皮蠹科 Dermeatidae
　体只有少数刚毛,无鳞状毛或分枝,上颚无臼叶,很扁,似掌状,体型与习性多样化 ………
　…………………………………………………… 叶甲科 Chrysomelidae

实验七 鞘翅目植物检疫性害虫(二)

——仓虫类害虫鉴定特征观察

7.1 实验目的

通过实验认识菜豆象、巴西豆象、鹰嘴豆象、灰豆象、四纹豆象及近似种,并能区分上述豆象,认识国内常见的绿豆象、蚕豆象和豌豆象;认识谷斑皮蠹各虫态,并识别与其形态相似的种类。

7.2 实验材料

7.2.1 盒装标本

菜豆象、鹰嘴豆象、四纹豆象、灰豆象、巴西豆象、绿豆象、蚕豆象、豌豆象。
谷斑皮蠹、黑斑皮蠹、花斑皮蠹、粗角斑皮蠹。

7.2.2 玻片标本

菜豆象、鹰嘴豆象、灰豆象、巴西豆象后足腿节。
谷斑皮蠹成虫触角。

7.3 实验内容和方法

7.3.1 成虫特征观察

1.观察盒装标本

(1)菜豆象和巴西豆象
观察两种豆象的外形,注意体色鞘翅、后足腿节(菜豆象)及后足胫节(巴西豆象)。

40

（2）鹰嘴豆象和四纹豆象

比较两种豆象的体型、鞘翅的花纹及后足腿节，能正确区分。

（3）灰豆象和绿豆象

比较两种豆象的体型、前胸背板及鞘翅的花纹。

按表 7-1 观察蚕豆象及豌豆象成虫特征。

表 7-1　蚕豆象和豌豆象成虫特征区分表

部　位	蚕豆象	豌豆象
前胸背板侧齿	齿尖向外，齿突后方显著内凹	齿尖向后，齿突后方不显著内凹
鞘翅 2/3 处毛斑	窄而呈弧形，两鞘翅会合呈"∧∧"形	宽阔呈斜带状，两鞘翅会合呈"八"形
臀斑端部黑斑	黑斑不明显或无	有 2 个卵形黑斑
后足腿节端刺	刺短而钝	刺长而尖

（4）谷斑皮蠹、黑斑皮蠹、花斑皮蠹和粗角斑皮蠹

比较谷斑皮蠹、黑斑皮蠹、花斑皮蠹、粗角斑皮蠹等成虫的大小，注意体色和鞘翅花斑。

2.观察玻片标本

镜下观察菜豆象和鹰嘴豆象后足腿节，注意两者的区别。

观察镜下谷斑皮蠹触角，注意各虫触角棒数目。

7.3.2　幼虫特征观察

观察四纹豆象和绿豆象幼虫外形。

观察盒装标本内谷斑皮蠹幼虫。

7.4　实验作业

1.绘菜豆象和鹰嘴豆象成虫的后足图。

2.绘谷斑皮蠹成虫的触角图。

实验八 鳞翅目植物检疫性害虫

——蛾类害虫鉴定常用特征观察

8.1 实验目的

通过实验,掌握蛾类植物检疫害虫成虫和幼虫分类鉴定常用的形态特征;认识美国白蛾和苹果蠹蛾各虫态,并识别与其形态相似的种类。

8.2 实验材料

8.2.1 成虫盒装标本

灯蛾、毒蛾、夜蛾、卷蛾、螟蛾、蚕蛾、麦蛾、细蛾等针插标本。

美国白蛾、星白雪灯蛾、人纹污灯蛾、苹果蠹蛾、梨小食心虫、苹小食心虫、桃小食心虫、苹小卷叶蛾等盒装标本。

8.2.2 幼虫浸渍标本

美国白蛾、星白雪灯蛾、人纹污灯蛾、苹果蠹蛾、梨小食心虫、苹小食心虫、桃小食心虫、苹小卷叶蛾等幼虫浸渍标本。

8.3 实验内容和方法

8.3.1 蛾类成虫和幼虫特征观察

1.触角

蛾类触角主要有丝状、栉齿状、羽毛形和锤形四种类型(见图 8-1),种类间多不同,两性间也常有差异,一般雄虫都较雌虫发达。例如所供标本中,卷蛾、螟蛾、麦蛾、细蛾都为丝状,一般雄蛾较长;蚕蛾、毒蛾都为羽毛形,雄蛾的羽枝比雌蛾长;夜蛾的雌蛾都为丝状,雄蛾常为栉齿状;灯蛾的雌蛾为丝形或栉齿状,雄蛾常为羽毛形。

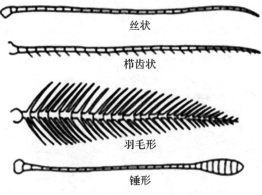

丝状

栉齿状

羽毛形

锤形

图 8-1　鳞翅目成虫触角类型

2. 口器

虹吸式,由喙和下唇须两部分组成(见图 8-2)。喙从头部的前下方伸出,由下颚的外颚叶特化而成,左右合成管状,为吸食机构,不用时能自由卷曲在头下,吸汁时伸直。下唇须从头部后下方前伸,由三节组成,或长或短,或细或粗,或直或上弯。原始构造的上唇、上颚、下颚和下唇的其余部分均退化或消失或并入头壳。不取食的种类,喙也退化得短小;取食的种类发达。

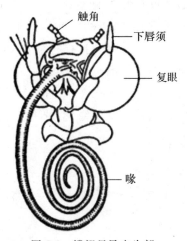

触角

下唇须

复眼

喙

图 8-2　鳞翅目昆虫头部

3. 翅

绝大多数种类有两对翅,前翅较后翅大。

(1)翅形

一般前翅为三角形或长方形,后翅为卵圆形;但麦蛾、细蛾的前翅为竹叶形,后翅分别为菜刀和尖刀形;蚕蛾的前翅外缘近翅尖有一弧形内弯。

(2)翅面色斑

翅面的鳞片常有不同色泽,组成斑纹,这些斑纹大多有一定的位置和专有名称,可做鉴别种类的依据(见图 8-3)。

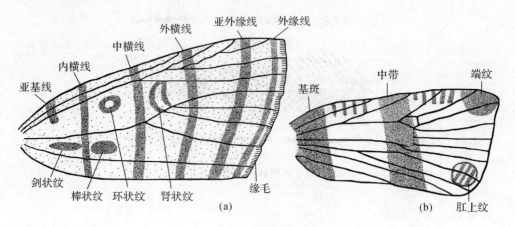

(a)典型的斑纹;(b)卷蛾、小卷蛾的斑纹

图 8-3 鳞翅目昆虫的翅面色斑

(3)翅脉序

每一个种类的翅脉序固定,而种类间都有差异,故在种类鉴定上很重要。

主要变化有(见图8-4):

1)中脉主干,有的明显,有的仅有痕迹,有的消失。

2)M_1 出处的位置,有的远离 R 主干,有的靠近 R 主干,有的与 R 主干共柄。

3)M_2 出处的位置,有的在 M_1 与 M_3 之间,有的邻近 M_3 或与 M_3 共柄。

4)M_3 出处的位置,大多邻近 C_{u1},有的与 C_{u1} 共柄。

5)A 脉条数,最多 3 条,有的缺 1A,有的缺 1A 和 3A,有的 2A 和 3A 端部愈合。

6)前翅 R_S 各分支,有的全部出自中室前缘,有的 R_{2-5} 共柄,有的 R_{3-5} 共柄,有的 R_2 和 R_3 或 R_4 和 R_5 合并。

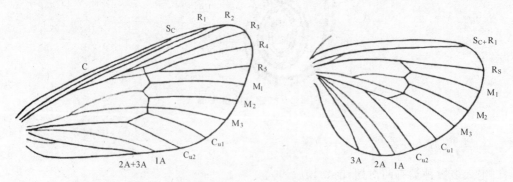

C—前缘脉;S_C—亚前缘脉;R—径脉;M—中脉;C_u—肘脉;A—臀脉

图 8-4 鳞翅目成虫翅脉脉序

7)后翅 S_C+R_1 与 R_S 的关系,有的在基部以斜横脉(R_1基部)相连,有的在基部或近中室基部一点并接,有的在中室前方近中部一点或一段并接,有的在中室前方长距离并接或紧靠直至中室外方。

因翅面密被鳞片,直接观察翅脉常难分辨,故需去鳞制成玻片标本,或滴上木馏油等透明剂使其透明。

4.蛾类幼虫特征观察

目察所供幼虫浸渍标本,认识其体躯的一般结构。幼虫特称蠋型,俗称毛虫。头部骨化;胸部 3 节,腹部 10 节,多柔软,在前胸和第 10 腹节背面多有一骨化区,分别称前胸盾和臀盾;胸部腹方各有胸足 1 对;第 3 至第 6 腹节及第 10 腹节各有腹足 1 对,第 10 腹节的腹足常特称臀足。气门 9 对,分别位于前胸和第 1 至第 8 腹节两侧。蚕蛾科的第 8 腹节背面有一角状突起,称为尾角。(见图 8-5、图 8-6 和图 8-7)

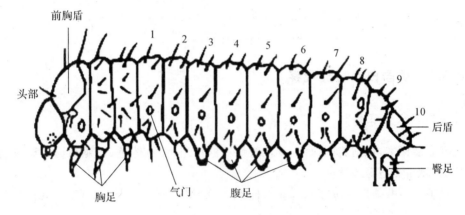

图 8-5　鳞翅目幼虫体侧面观

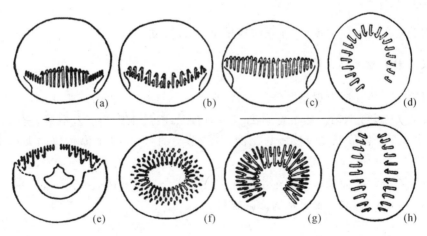

(a)异形中带式;(b)双序中带式;(c)单序中带式;(d)单序缺环式;(e)中断中带具匙状叶;

(f)多行环式;(g)双序缺环式;(h)二横带式

图 8-6　鳞翅目幼虫腹足趾钩及排列方式

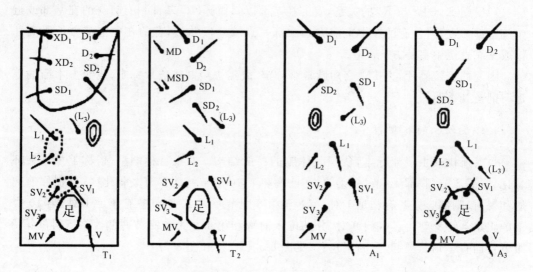

T_1、T_2 表示前、中胸；A_1、A_3 表示第1、第3腹节；毛名有"()"者为亚原生刚毛

图 8-7 鳞翅目幼虫毛位图

8.3.2 美国白蛾特征观察

1. 观察成虫盒装标本

观察盒装标本，识别美国白蛾、其他灯蛾等的形态，注意体色、体躯和翅面斑纹、腹末深色毛丛、触角类型等的特征。

观察美国白蛾前后翅脉序示范玻片标本，注意 M_1 的位置、M_2 与 M_3 的共柄情况，后翅 S_C+R_1 与 R_S 的关系等特征。

2. 观察卵标本

在双筒镜下培养皿中观察，注意卵块排列、卵粒形状等特征。

3. 幼虫特征观察

在双筒镜下培养皿中观察区分美国白蛾、星白雪灯蛾、人纹污灯蛾幼虫，注意体背黑色宽纵带的有无，第6、第7腹节背面翻缩腺的有无，腹足趾钩类型及数目，前胸、第7腹节、第8腹节3个体节上气门长短的比例，各体节毛瘤数目，各毛瘤位置和大小比例、颜色等特征。

观察毛瘤时，观察左侧，头位在左，尾位在右，结合观察示范玻片标本，特别注意 T_1、T_3、A_1、A_3、A_8、A_9 各节。腹足趾钩仰卧观察。

8.3.3　苹果蠹蛾特征观察

1.观察成虫盒装标本

苹果蠹蛾:前翅呈灰褐色,有紫色光泽,翅面颜色可明显分为三区,臀角的大斑色最深,为深褐色;翅中部颜色最浅,为淡褐色。

梨小食心虫、苹小卷叶蛾、苹小食心虫、桃小食心虫等盒装标本。

2.幼虫特征观察

观察前胸侧毛组毛序:苹果蠹蛾、梨小食心虫、苹小食心虫、苹小卷叶蛾,侧毛组3根毛,蛀果蛾科的桃小食心虫侧毛组仅有2根毛。

苹果蠹蛾幼虫上颚5个齿的尖锐程度。

苹果蠹蛾幼虫单眼周围毛序。

苹果蠹蛾幼虫趾钩为单序缺环。

臀栉:苹果蠹蛾、桃小食心虫无臀栉,梨小食心虫、苹小食心虫、苹小卷叶蛾有臀栉。

3.为害特征观察

观察识别苹果蠹蛾为害状。

8.4　实验作业

1.绘美国白蛾成虫前翅脉序图。
2.绘苹果蠹蛾成虫图。

附录

检疫性蛾类成虫分科检索表

1.触角第1节无成列梳状的刺毛;下唇须粗而前伸;前翅长方形或三角形,后翅广卵形,缘毛短;后翅 A 脉2~3条 ··· 2

触角第1节有排列成梳状的刺毛;下唇须长而尖细,上曲伸过头顶;前翅竹叶形,后翅菜刀形,后缘缘毛长;前后翅到达翅缘的 A 脉均仅1条 ··············· 麦蛾科 Gelechiidae

2.前翅长方形,外缘直形,各脉均出自中室;后翅 S_c+R_1 与 R_s 分离而在近基部以一斜脉相连 ········ 3

前翅外缘斜形,近长方形或三角形,R 脉各分支至少有 3 条共柄;后翅 S_c+R_1 与 R_s 至少有一点接触或长距离靠近,如分离则翅缰退化 ··· 4

3.前翅前缘向前弓起,翅尖前翘;后翅 C_u 脉上无栉状毛 ··············· 卷蛾科 Tortridae

前翅前缘自基部至翅尖接近平直;后翅 C_u 脉上有长的栉状毛 ··············· 小卷蛾科 Olethreutidae

4.前翅外缘近翅尖处有一弧形凹缺,R 脉 5 条均共柄;后翅 S_c+R_1 与 R_s 分离而以一斜横脉相连,翅缰退化;触角羽毛形 ··· 蚕蛾科 Bombycidae

前翅外缘无凹缺,R 脉至多 4 条均共柄;后翅 S_c+R_1 与 R_s 有接触或靠近 ……………… 5

5.体和足细瘦,鳞片和鳞毛细密而紧贴,翅上鳞片薄,触角丝形;前翅 R_{3-5} 共柄;后翅 S_c+R_1 与 R_s 自中室基部至中室外方长距离紧靠或接触,A 脉 3 条 ……………… 螟蛾科 Pyralidae

体和足粗壮,鳞片和鳞毛粗密而斜立,翅上鳞片厚;前翅 R_{2-5} 共柄;后翅 S_c+R_1 与 R_s 仅在中室前一点或一段接触或靠近,A 脉 2 条 ……………… 6

6.后翅 S_c+R_1 与 R_s 自中室基部至 2/3 处靠近且平行,但不接触,M_2 出自中室外中部,M_3 与 C_{U_1} 基部接触或共柄 ……………… 舟蛾科 Notodontidae

后翅 S_c+R_1 与 R_s 在中室前一点或一段接触;M_2 与 M_3 基部靠近或共柄;M_3 靠近 C_{U_1},但不接触 ……………… 7

7.喙发达,后翅 S_c+R_1 与 R_s 在中室近基部一点接触后即分离 ……………… 夜蛾科 Noctuidae

喙退化,后翅 S_c+R_1 与 R_s 在中室近中部一点或一段接触 ……………… 8

8.后翅 S_c+R_1 与 R_s 在中室近中部一点接触,触角羽毛形,腹末有 1 丛深色毛 … 毒蛾科 Lymantriidae

后翅 S_c+R_1 与 R_s 在中室中部一段接触,触角丝形、栉形或短双栉形,腹末无深色毛丛 ……………… 灯蛾科 Arctiidae

检疫性蛾类幼虫分科检索表

1.体被很多细短的次生刚毛,第 8 腹节背面有一臀角,腹足趾钩双序中带 … 蚕蛾科 Bombycidae

体仅有原生刚毛和亚原生刚毛,或具毛瘤,第 8 腹节无臀角,腹足趾钩单序中带或环状 … 2

2.体上具毛瘤 ……………… 3

体上无毛瘤 ……………… 5

3.第 6 及第 7 腹节背面中央各有一翻缩腺,腹足趾钩单序中带 … 毒蛾科 Lymantriidae

第 6 及第 7 腹节背面无翻缩腺 ……………… 4

4.腹足趾钩为单序异形中带,第 7 腹节的 L_1 毛瘤与第 6 及第 8 腹节的 L_1 毛瘤等高 ……… 灯蛾科 Arctiidae

腹足趾钩为单序中带,第 7 腹节的 L_1 毛瘤较第 6 及第 8 腹节的 L_1 毛瘤显著低 ……… (部分)夜蛾科 Noctuidae

5.腹足趾钩环状 ……………… 6

腹足趾钩单序中带 ……………… 8

6.前胸 L 毛 3 根,第 8 腹节的 L_1 毛在气门前方,肛门上方有臀栉 ……………… 7

前胸 L 毛 2 或 1 根,第 8 腹节的 L_1 毛在气门上方,肛门上方无臀栉 … 螟蛾科 Pyralidae

7.第 9 腹节两 D 毛邻近或在同一毛片上 ……………… 卷蛾科 Tortridae

第 9 腹节两 D 毛远离,绝不在同一毛片上 ……………… 麦蛾科 Gelechiidae

8.第 7 腹节的 L_1 毛与 SV 间的 L_3 毛位上仅有 1 根毛,上唇缺切 U 形 … 夜蛾科 Noctuidae

第 7 腹节的 L_1 毛与 SV 间的 L_3 毛位上有数根毛,上唇缺切 V 形 ……… 舟蛾科 Notodontidae

实验九　双翅目植物检疫性害虫
——潜叶蝇类和实蝇类害虫鉴定特征观察

9.1　实验目的

通过实验认识和识别美洲斑潜蝇及其近似种成虫的方法,以及它们的主要形态特征和为害状;掌握双翅目实蝇类植物检疫害虫成虫和幼虫分类鉴定常用的形态特征。

9.2　实验材料

9.2.1　盒装标本

美洲斑潜蝇、豌豆斑潜蝇、菠菜潜叶蝇、葱斑潜蝇、番茄斑潜蝇。
瓜小实蝇、柑橘大实蝇、柑橘小实蝇、蜜柑大实蝇等幼虫的前气门。

9.2.2　玻片标本

瓜小实蝇、柑橘大实蝇、柑橘小实蝇、蜜柑大实蝇。
美洲斑潜蝇幼虫的后气门。

9.3　实验内容和方法

9.3.1　实蝇成虫特征观察

成虫常见特征为头部和胸部鬃、腹部背板的斑纹、翅的斑纹以及足上的一些特征。

1.头部

头大而宽,有细颈。无口鬃。复眼大,常带绿色闪光。多有单眼。触角芒刚毛状,位于第三节被基部。喙短,舌片大,有口毛。

实蝇头部主要头鬃见图 9-1。

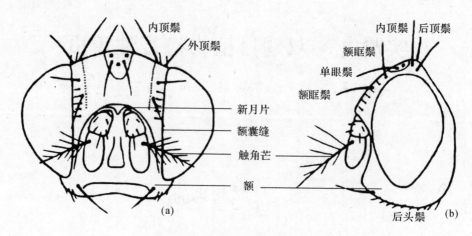

（a）头部正面观；（b）头部侧面观

图 9-1　双翅目昆虫头部特征

顶鬃位于复眼的上内角，又分为内顶鬃和外顶鬃。

后头顶鬃位于单眼三角区后；通常 1 对，也有 2 对的，又称后顶鬃。

单眼鬃位于单眼三角区内；常 1 对，又称眼鬃。

额眶鬃位于单眼三角区前，分 2 排；又分上侧额鬃和下侧额鬃。

后头鬃位于复眼后缘，并与后缘平行的一列鬃，又称眶后鬃或眼后鬃。

2.胸部

胸部的主要特征为胸部各鬃及前翅脉序（见图 9-2）。

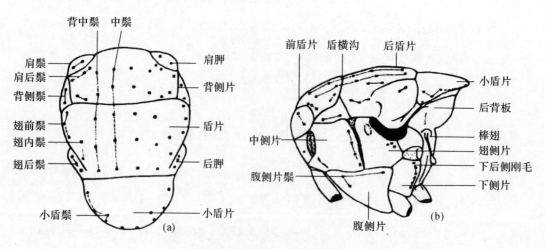

（a）胸部背面观；（b）胸部侧面观

图 9-2　蝇类胸部构造及鬃序

如图 9-2 所示,实蝇胸部主要胸鬃如下:

肩鬃,位于肩胛上,又称肩板鬃。

肩后鬃,位于肩胛后方。

背侧鬃,位于背侧板胛上,又分前背侧鬃和后背侧鬃。

中鬃,位于中胸背板的中央。

背中鬃,位于中胸背板中央,在侧后缝色条与中后缝色条之间。

翅前鬃,位于前翅基部的上方,在背侧鬃与翅后鬃之间。

翅后鬃,位于平衡棒基部的上方,在翅前鬃之后。

翅内鬃,位于翅前鬃和翅后鬃的内侧。

小盾鬃,位于小盾片的边缘上。

3. 翅脉序

实蝇前翅脉序见图 9-3。

前翅 C 脉有缘折 2 个;S_c 脉末端向前缘直角弯曲;R 脉 3 个分支;M 脉 2 个分支;臀室末端 1 个锐角。

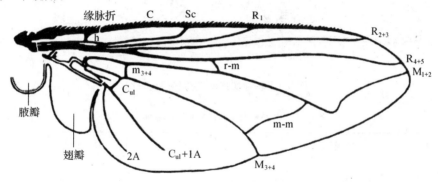

图 9-3　蝇类前翅脉序

9.3.2　实蝇幼虫常用特征观察

实蝇科幼虫属无足型中的无头型幼虫。常见的鉴定特征有头咽骨、前胸气门、后气门与后气门裂、腹部末端的小乳头状突起和瘤以及尾部的臀叶等。这些特征可用来鉴定亚科、属和种,有的还可鉴定龄期。(见图 9-4。)

9.3.3　潜叶蝇成虫特征观察

1. 斑潜蝇属与彩潜蝇属成虫外观区别(见表 9-1)

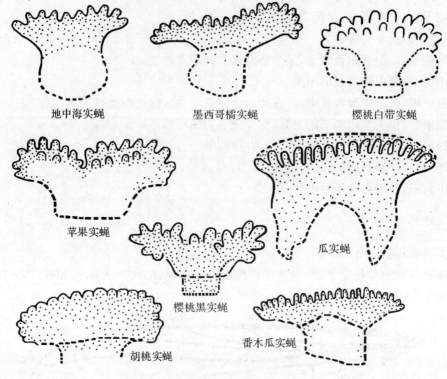

地中海实蝇   墨西哥橘实蝇   樱桃白带实蝇

苹果实蝇

瓜实蝇

樱桃黑实蝇

番木瓜实蝇

胡桃实蝇

图 9-4　各种实蝇幼虫前气门比较图

表 9-1　斑潜蝇属与彩潜蝇属成虫外观区别

斑潜蝇属	彩潜蝇属
斑潜蝇头部和肩胛是黄色	彩潜蝇头部深色
前缘脉到达 M_{1+2}	前缘脉到达 M_{4+5}
翅有横脉，有中室	翅无横脉，无中室

2.斑潜蝇成虫种间主要区别特征

(1)头部内顶鬃、外顶鬃着生处颜色。

(2)中胸背板的颜色与光泽色。

(3)小盾片的颜色，它的侧缘、后缘的颜色。

(4)翅脉 M_{3+4} 末段是基段(中室段)的多少倍。

(5)中胸侧板的深色斑纹的位置和大小。

请用上述 5 个特征与本次实验 5 种斑潜蝇进行比较。注意：必须观察到。

3.潜叶蝇幼虫特征观察

观察体色变化、口钩、后气门。请观察示范镜的后气门。另有后幼虫取食的状态。

4.潜叶蝇幼虫为害状观察

从为害状彩色照片以及美洲斑潜蝇和豌豆彩潜蝇盒装标本比较虫道形状,观察终端是否变宽、排泄物形状及其在虫道内部位。

9.4 实验作业

1.绘美洲斑潜蝇成虫前翅脉序图或成虫图。
2.绘柑橘小实蝇前翅脉序图。
3.制作美洲斑潜蝇前翅的永久性玻片标本。

附录

蔬菜上 11 种潜叶蝇检索表
(摘自中国农科院植物保护所)

12 个孔,多食性种 ··· 番茄斑潜蝇 *L. bryoniae*

体色较暗,双顶鬃着生处黑色,足基节黄色具黑斑,腿节具黑色条纹,中侧片下部黑色达 3/4 至 1/2 处,有时几乎充满,仅上缘黄色,雄阳茎似番茄斑潜蝇,但端阳体端部向前突出,精泵短小,褐色,背针突具有 1 个齿;幼虫后气门突 6～9 个孔,虫道在叶片上下表面或叶柄呈不规则蛇形。多食性种 ·············

··· 南美斑潜蝇 *L. huidobrensis*

8. 外顶鬃着生处黑色,内顶鬃常着生在黄褐交界处,上眶稍暗,中侧片下方至 1/2 处有小块黑褐斑;端阳体腹面观两侧边呈双波状或圆形锯齿状,中阳体较短,基阳体色深,精泵褐色,叶片两侧边稍微不对称,幼虫后气门突各具 3 个孔,虫道主要在叶片上表面。多食性种 ·············· 美洲斑潜蝇 *L. sativae*

顶鬃着生处、上眶及中侧片色泽与美洲斑潜蝇相似,但雄端阳体呈掌状,骨化深,精泵叶片特别宽大;幼虫后气门突各具有 3 个孔,虫道靠近叶片上、下表面。主要寄主为十字花科蔬菜 ·············

·· 菜斑潜蝇 *L. brassicae*

9. 成虫黑色,额宽等于复眼宽,平衡棍基部棕黑色,端部白色,翅长 2.4～2.6mm,幼虫后气门平覆在第 8 腹节后背面,具 31～57 个开口,排成 3 个羽状分枝。寄主为毛豆 ·················

··· 豆叶东潜蝇 *Japanagromyza tristella*

成虫灰黄色,雄虫额狭,雌虫额宽约为头宽 1/2,平衡棍黄白色,体长 5～6mm。寄主为菠菜和甜菜 ····

··· 10

10. 雄虫额宽等于或稍微大于前单眼宽;第 5 腹板侧叶内缘基部无毛簇 ····· 甜菜泉蝇 *Pegomya betae*

雄虫额宽明显大于前单眼宽,约与两后单眼外缘间距等宽,第 5 腹板侧叶内缘基部有毛簇 ·········

·· 肖藜泉蝇 *P. cunicularia*

实验十 同翅目植物检疫性害虫
——蚜虫类害虫鉴定常用特征观察

10.1 实验目的

通过实验,掌握蚜虫类有翅蚜和无翅蚜分类鉴定时常用的形态特征;认识苹果绵蚜无翅胎生雌蚜、有翅胎生雌蚜的形态和为害状,葡萄根瘤蚜的根瘤型无翅雌蚜的特征和根瘤型、叶瘿型的为害状。

10.2 实验材料

10.2.1 盒装标本

苹果绵蚜和葡萄根瘤蚜为害状。

10.2.2 玻片标本

蚜科(桃蚜)、绵蚜科(五倍子蚜虫)、瘤蚜科(桃瘤蚜)的有翅蚜和无翅蚜玻片标本。
苹果绵蚜无翅胎生雌蚜、有翅胎生雌蚜玻片标本。
葡萄根瘤蚜的根瘤型玻片标本。

10.3 实验内容和方法

10.3.1 蚜虫特征观察

在体视镜和光学显微镜下观察所供标本,区分蚜科、绵蚜科和瘤蚜科。
蚜虫类隶属于同翅目 Homoptera 蚜总科 Aphidoidea,均为小型、柔软的昆虫,体表多被有蜡粉或蜡絮。触角 3～6 节,上有各种形状的感觉圈;端节常再分基部和鞭节两段。同一种群有有翅蚜和无翅蚜个体。有翅者,翅 2 对,膜质,前翅大于后翅,以翅钩联合飞行。翅脉简化,前翅 S_c 与 R 靠近,且在其间硬化成明显的翅痣;R_s 不分支或缺,M_{2-3} 分支或不分支,C_u 及 A 各 1 条,基部均出自 R;后翅仅有 R、M 及 C_u 3 条脉,或 C_u 及 M 也消失。腹部 8~9 节,第 6 腹节背面两侧各有一个形状多变的腹管,末节端部常有一个锥形的尾片。触角的节数,端节基部和鞭部的长度比例,各节上感觉圈的形状、数目和排列方式,翅脉的多少和分布,翅折叠的形状,腹管、尾片的发达程度、形状和其上的刚毛着生情况,覆瓦纹、刚状纹的有无,体色、被物、花纹等特征,都是分类鉴定的依据。

蚜总科可分 4 个科,其主要区别见表 10-1。

表 10-1　蚜总科 4 个科的主要区别

项目	蚜科	绵蚜科	球蚜科	瘤蚜科
触角	多数 6 节,一般比体长,末节鞭部远长于基部,感觉圈一般圆形	5~6 节,一般比体短,末节鞭部远短于基节,感觉圈多呈横条状	5 节,较体短,末节鞭部短小,感觉圈多呈横线状	3 节,较体短,末节鞭部极短小,感觉圈少呈圆形
栖息时翅的折叠形状	呈屋脊状	屋脊状	屋脊状	平置腹背
翅脉	前翅有 R_s,M 脉 2~3 分支,C_u 与 A 基部远离;后翅有 R、M、C_u 3 条脉	前翅有 R_s,M 脉 1~2 分支,C_u 与 A 基部靠近;后翅缺 C_u	前翅缺 R_s,M 脉单一,C_u 与 A 脉基部远离;后翅缺 C_u	前翅缺 R_s,M 单一,C_u 与 A 共柄;后翅 M 和 C_u 均缺
腹管及尾片	明显,有各种形状和饰物	退化成盘状	退化消失	退化

(1)干母

越冬卵孵化出的无翅胎生雌蚜,在第一寄主(越冬寄主)上生活。

(2)干雌

干母繁殖的后代(无翅或有翅胎生雌蚜),仍在第一寄主上生活,可有一至数代。

(3)春季迁移蚜

干雌繁殖的有翅胎生雌蚜,由第一寄主飞迁到第二寄主上生活繁殖。有些种类无第二寄主,此型蚜虫就在原寄主上扩散。

(4)侨蚜

春季迁移蚜虫飞迁到第二寄主上繁殖的无翅或有翅胎生雌蚜,可繁殖很多代,有翅者在第二寄主上不断扩散。

(5)秋季迁移蚜

桥蚜在第二寄主上到了秋冬,因寄主老枯、气候变化而繁殖的有翅胎生雌蚜,迁回第一寄主,在第一寄主上还可繁殖一至数代无翅或有翅的胎生雌蚜。

(6)性母

秋季迁移蚜在第一寄主上到了晚秋天冷季节,产生的最后一代无翅或有翅胎生蚜,生殖有性的后代。

（7）性蚜

性母产生的有翅雄蚜和无翅雌蚜,两性交配后,雌蚜产卵越冬。

10.3.2　苹果绵蚜特征观察

1.有翅蚜形态

注意触角节数及其上的感觉圈形状和数目,前翅翅脉和退化的腹管、蜡腺群。

2.无翅蚜形态

注意触角节数、各节相对长度,其上的感觉圈形态和数目,退化腹管和蜡腺群。

3.为害状

注意蜡质分泌物。

10.3.3　葡萄根瘤蚜特征观察

1.根瘤型无翅蚜形态

注意触角节数、各节长度比例,其上的感觉圈形态和位置,体背瘤突数目。

2.为害状

根瘤型和叶瘿型。

10.4　实验作业

观察之后绘苹果绵蚜触角图。

第三篇

植物检验检疫

——实习部分

实习一　植物检疫性病害玻片标本制作

1.1　实习目的

需要在显微镜下检查鉴定病原物种类、形态特征和在寄主组织中存在的情况时，必须将其制成玻片标本。由于各种病原物的性质不同，制片方法也随之而异。通过实验，学习掌握常用的几种制片方法。

1.2　实习内容

1.2.1　病原整体直接封藏法

1.实验材料

患矮腥黑穗病的病穗、网腥黑穗病的病穗及患光腥黑穗病的病穗。

2.实验试剂及器具

载玻片、盖玻片、解剖针、玻璃棒、干燥器、标签、乳酚油（由乳酸 20mL、苯酚 20mL、甘油 40mL、蒸馏水 20mL 配成）、中性树胶。

3.实验方法及步骤

按下列步骤，先做小麦矮腥黑穗病，再做另两种黑穗病。
(1)在干净载玻片中央滴 1～2 滴乳酚油；
(2)用解剖针挑取少量黑穗病孢子放于载玻片的乳酚油中；
(3)仔细盖上盖玻片，勿使有气泡；
(4)用玻璃棒蘸取树胶，封固盖玻片四周；
(5)载玻片背面贴上写好的标签(内容:病名、制片人、日期)；
(6)放于干燥器中 1～2 天，即成。

1.2.2　病组织透明法

1.直接透明封藏法

(1)实验材料

烟草霜霉病叶、稻叶黑粉病叶。

(2)实验试剂及器具

中性树胶、乳酚油、标签、载玻片、盖玻片、小烧杯、乙醇溶液灯。

(3)实验方法及步骤

1)将病叶剪成小块;

2)剪好的病叶放在小烧杯中并倒入乳酚油;

3)小烧杯放在乙醇溶液灯上,将病叶煮 15~30min 至病叶透明;

4)用镊子取透明的病叶置于滴有乳酚油的干净载玻片上;

5)盖上盖玻片,蘸取树胶封固四周;

6)载玻片左背面贴上标签,树胶干后即成永久玻片。

2.撕皮透明制片法

(1)实验材料

青菜(十字花科)霜霉病叶。

(2)实验试剂及器具

二甲苯、95％及100％乙醇溶液、0.5％固绿溶液(0.58 固绿溶于100mL 0.5％乙醇溶液)、FAA 固定液(由福尔马林(38％甲醛)5mL、冰醋酸 5mL、95％乙醇溶液 50mL、蒸馏水 40mL 配成)、滤纸、载玻片、盖玻片、凹玻片、青霉素瓶、注射器、镊子。

(3)实验方法及步骤

1)用镊子撕取病部表皮 10 多个小片,置于 20mL 的注射器玻璃管中;

2)倒入 FAA 固定液至注射器玻璃管,插入注射器活塞,注射孔向上,轻推活塞,排出管内空气;

3)用左手按住注射孔,左手往返拉推活塞,排净病组织中空气(病组织下沉,表示已排净);

4)将注射器中排净空气的病组织和固定液一起倒入青霉素瓶中;

5)取出经固定的病组织,放在凹玻片中,滴入 50％乙醇溶液,浸没病组织,经 5min,用滤纸吸干;

6)同上步方法用 70％→80％→95％乙醇溶液分级脱水,每级 5min;

7)将 0.5％固绿溶液滴到脱水的病组织上,染色 0.5~1min,用滤纸吸干;

8)滴入 95％乙醇溶液分色,经 5min,用滤纸吸干;

9)滴入 100％乙醇溶液脱水,经 5min,用滤纸吸干,重复 1~2 次;

10)滴入 1/2 二甲苯+1/2 100％乙醇溶液,经 5min,用滤纸吸干,重复 1 次;

11)滴入纯二甲苯,使病组织透明,经 5min,用滤纸吸干,重复 1 次;

12)取透明的病组织 2～3 片,放在干净的载玻片中央;

13)用玻璃棒蘸取适量树胶滴于病组织上,仔细盖上玻片,勿使有气泡;

14)擦去逸出盖玻片四周的多余树胶;

15)载玻片左背面贴上标签,放在干燥器中干燥1～2d,即成。

1.2.3　组织切片法

1.徒手切片法

(1)实验材料

马铃薯癌肿病病薯或小麦全蚀病病根。

(2)实验试剂及器具

中性树胶、二甲苯、0.5％固绿溶液、95％及 100％乙醇溶液、FAA 固定液、标签、干燥器、凹玻片、载玻片、盖玻片、小培养皿、毛笔、刀片。

(3)实验方法及步骤

1)选有小黑点(子实体)的病部切片小块或小段;

2)用左手食指和拇指捏住一小块(小段)病组织(露出手指 1mm);

3)右手持刀片,切割病组织成薄片(愈薄愈好,20μm 以下,且使厚薄均匀)。连续切得 4～5 片后,用毛笔蘸水取下置于盛有水的小培养皿中,至足够片数为止;

4)选取薄而匀的切片,在 FAA 固定液中固定 9～24h;

5)镊取经固定的病组织薄片于凹玻片中,用 50％(2～3 次)→70％→80％→90％乙醇溶液分级脱水,每级 5min,用滤纸吸干;

6)滴入 0.5％固绿溶液,染色 0.5～1min,用滤纸吸干;

7)滴入 95％乙醇溶液,分色 5min,用滤纸吸干;

8)滴入 100％乙醇溶液,脱水 5～10min,用滤纸吸干,重复 2 次;

9)用 1/2 乙醇溶液＋1/2 二甲苯→纯二甲苯(重复 1 次)脱水透明各 5min,用滤纸吸干;

10)取透明病组织 2～3 片在干净载玻片上,用树胶封片,贴标签,干燥器中干燥1～2d,即成。

2.石蜡切片法

此法需切片机,手续繁,费时多,但可切成 8μm 以下薄片,可更清楚地观察到病原物在植物组织中的情况。

1.3　实习作业

1. 利用病原整体直接封藏法制作小麦网腥黑穗病或小麦光腥黑穗病玻片标本。
2. 利用病组织透明法制作稻叶黑粉病或青菜霜霉病玻片标本。
3. 利用徒手切片法制作小麦全蚀病玻片标本。

实习二 植物检疫性害虫玻片标本制作

2.1 实习目的

学习和掌握各类植物检疫性害虫分类鉴定特征玻片标本的制作原理和方法步骤，以进一步提高检疫鉴定的能力。

2.2 实习材料

2.2.1 玻璃器具

染色皿(碟)每人5只，培养皿(直径12cm)每人1副，烧杯(5mL、50mL、125mL)每人1只，清洁的载玻片、盖玻片(20mm×20mm、24mm×24mm、24mm×50mm)分盛在90%乙醇溶液的广口瓶内，使用时请用长柄镊子镊取。

2.2.2 化学试剂

二甲苯，100%、95%、85%、70%、50%乙醇溶液，二甲苯丁香油(3∶1)，蒸馏水，10%HCl溶液，固绿溶液，酸性复红，硼砂洋红，前述试剂均分装在30mL的滴瓶内。此外还有勒氏液、木馏油、中性树胶。

2.3 实习内容和方法

2.3.1 鞘翅目害虫制片

1.谷斑皮蠹幼虫蜕皮整体制片

将蜕皮壳镊至滴有70%乙醇溶液的载玻片上，然后按下列顺序操作。

（1）整姿

虫体上再滴几滴 70％乙醇溶液，然后将虫体腹面向上，用解剖针拨开上腭，使上内唇露出；在腹部中部切断，将后段翻转，使背面向上，以示前背沟退化情况。

（2）脱水

用 85％乙醇溶液、95％乙醇溶液滴洗，淹没虫体，各 1min。

（3）染色

滴半滴固绿溶液于虫体上，染 1s，随即滴 95％乙醇溶液，使染成淡绿色。

（4）脱水

100％乙醇溶液滴洗，重复 1 次，时间不间隔。

（5）透明

滴二甲苯，如果没有产生白雾，说明脱水彻底。玻片倾斜，让二甲苯流出后，再重复 1 次。吸干载玻片上的二甲苯，但标本上的二甲苯不可吸干。

（6）封片

滴适量中性树胶，仔细盖上盖玻片，使树胶布满盖玻片下，而无气泡，材料需在玻片对角线中央。

（7）贴标签

标签内容为中文名称、学名、材料名称、制作日期、制作人姓名。将标签剪下后粘贴于载玻片左方。

2. 象甲（玉米象和稻水象甲）、豆象（蚕豆象）及皮蠹（粗角斑皮蠹）鉴别特征制片

（1）浸软

在 10％ NaOH 溶液中浸软或水浴加热。

（2）水洗及解剖

三类害虫材料分别进行。将虫体置于盛有蒸馏水的染色皿内解剖，取出鉴别特征。操作流程见图 11-1。

2.3.2 鳞翅目害虫制片

1. 翅脉玻片制作法

实验材料为米蛾，浸于 70％乙醇溶液中，然后按下列顺序操作。

（1）剪翅

在双筒镜下，从虫体腹面用镊子镊取左右翅、前后翅，注意勿损坏翅缰、翅基。

（2）脱鳞

在染色皿内用 10％ HCl 溶液浸 10min，应将翅浸没；用镊子镊于翅基部，移到勒氏液内，浸泡，用棉签轻轻点压，使翅浸没在勒氏液内（注意勿损坏翅外缘、后缘，勒氏液有强腐蚀性，勿漏在桌面上）。

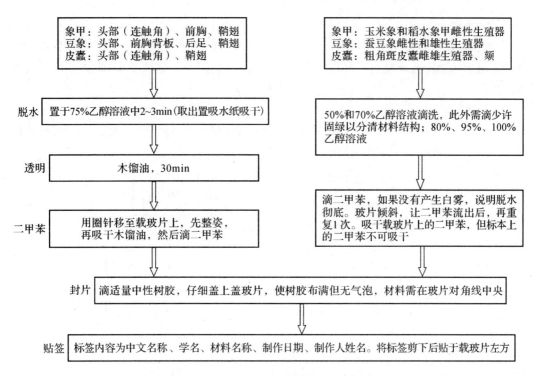

图 11-1　象甲、豆象及皮蠹鉴别特征制片操作流程

（3）水洗

用载玻片捞取已完全脱鳞的前后翅（注意勿搞错正反面）；然后用蒸馏水滴洗（大蛾类可以移到盛有蒸馏水的染色皿内水洗）。

（4）染色

可选用任一种染色剂，染色时间 20min。

（5）脱水

用 85％、95％乙醇溶液滴洗，各 1min；100％乙醇溶液滴洗，重复 1 次，时间不间隔。

（6）透明

滴二甲苯，如果没有产生白雾，说明脱水彻底。玻片倾斜，让二甲苯流出后，再重复 1 次。吸干载玻片上的二甲苯，但标本上的二甲苯不可吸干。

（7）封片

滴适量中性树胶，仔细盖上盖玻片，使树胶布满盖玻片下，而无气泡，材料需在玻片对角线中央。

（8）贴标签

标签内容为中文名称、学名、材料名称、制作日期、制作人姓名。将标签剪下后粘贴于载玻片左方。

2. 鳞翅目昆虫外生殖器制作

实验材料为米蛾，浸于 70％乙醇溶液中，然后按下列顺序操作。

(1)浸软

将已镊取翅的米蛾虫体,截取腹部,用 10％ NaOH 溶液水浴加热。加热过程中应注意瓶内的蒸发情况,随时加水分以保持浓度;烧杯勿放置于火焰的顶端,防止小烧杯被爆出、打翻。

(2)解剖

待虫体透明后,在盛有蒸馏水的染色皿内解剖,取出雌或雄性生殖器。注意,应不断换蒸馏水。操作流程见图 11-2。

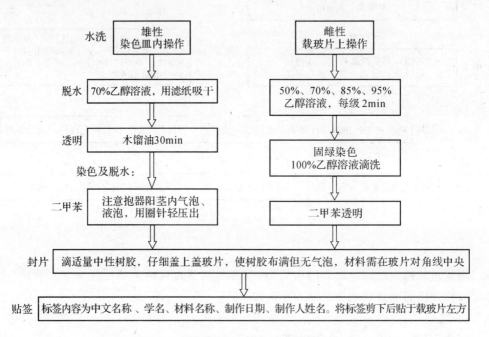

图 11-2　鳞翅目昆虫外生殖器制作流程

3.鳞翅目幼虫整体标本制作

实验材料为美国白蛾和苹果蠹蛾。

(1)解剖

将幼虫腹面向上,在双筒镜下,沿腹中线,逐刀从肛门到头颈部剪开,注意勿将趾钩和胸足剪去;美国白蛾需将毛剪短些。

(2)浸软

用 10％ NaOH 溶液水浴加热至虫体透明。

(3)水洗

在盛有蒸馏水的染色皿内,将虫体的内脏清除,尤其注意清除器官、头壳内肌肉、腹末的内脏和肌肉。

(4)整姿

剖剪侧颊与前胸侧板相连部分。左右分开剪,保留后头与前胸背板相连处;然后将虫体平铺于载玻片上,背向上,左手用圈针压住虫体,右手用直针从虫体下方将体壁和足拨平。注意腹末勿皱,在腹末背中央可适当剪开,使其平整。

(5)脱水染色

脱水时,注意移动体壁,以脱去体壁与玻片间的水分,染色1~2s。

(6)脱水透明

滴二甲苯,如果没有产生白雾,说明脱水彻底。玻片倾斜,让二甲苯流出后,再重复1次。吸干载玻片上的二甲苯,但标本上的二甲苯不可吸干。

(7)封片

滴适量中性树胶,盖上盖玻片,树胶布满但无气泡,材料需在玻片对角线中央。

(8)贴签

标签内容为中文名称、学名、材料名称、制作日期、制作人姓名。将标签剪下后贴于载玻片左方。

2.3.3　双翅目幼虫玻片制片

实验材料为柑橘大实蝇幼虫。制片的鉴别特征为口钩、前后气门及胸部体壁。

(1)解剖

在幼虫腹面,沿腹中线纵向剪开一个开口。

(2)浸软

用10% NaOH溶液水浴浸软或水浴加热。

(3)解剖

待虫体透明后剪取或拉取口钩材料。

(4)脱水

上述解剖的材料分别制片,移至载玻片上操作,用50%、70%、85%、95%乙醇溶液滴洗,每级2min。

(5)染色

用固绿溶液染色1s。

(6)脱水

用100%乙醇溶液脱水。

(7)二甲苯

滴二甲苯,如果没有产生白雾,说明脱水彻底。玻片倾斜,让二甲苯流出后,再重复1次。吸干载玻片上的二甲苯,但标本上的二甲苯不可吸干。

(8)封片

滴适量中性树胶,盖上盖玻片,使树胶布满组无气泡,材料需在玻片对角线中央。

(9)贴签

标签内容为中文名称、学名、材料名称、制作日期、制作人姓名。将标签剪下后贴于载玻片左方。

2.3.4 蚜虫整体玻片制片

1.简易制片法

实验材料为角倍蚜(绵蚜科)秋季迁移蚜 *Schechtendalia chinensis*(Bell)。

(1)透明

木馏油内浸 24h,使虫体透明。

(2)整姿

将虫体用圈针移至盖玻片,腹面向上,仰面整姿。

(3)封片

在载玻片中央滴适量树胶,盖玻片向下,内有蚜虫,覆盖时注意胶的流向,应由腹部向头部。

(4)贴签

标签内容为中文名称、学名、材料名称、制作日期和制作人。将标签剪下后贴于载玻片左方。

2.常规制片法

实验材料为苹果绵蚜(无翅,云南曲靖)。

(1)浸软

用 10% NaOH 溶液水浴加热 5min,中间换液 1 次(事先在蚜虫腹面针刺 1～2 个小孔)。

(2)水洗

将虫体用圈针移至染色皿内水洗,注意体内是否还有小蜡块,如果有则轻轻压出体外。

(3)脱水

将虫体捞至载玻片上脱水,每级滴洗 2～3min,先整姿,再脱水。

(4)染色

用固绿溶液染色 1s,或者不染色。

(5)脱水

用 100%乙醇溶液脱水。

(6)二甲苯

滴二甲苯,如果没有产生白雾,说明脱水彻底。玻片倾斜,让二甲苯流出后,再重复 1 次。吸干载玻片上的二甲苯,但标本上的二甲苯不可吸干。

(7)封片

滴适量中性树胶,盖上盖玻片,使树脂布满但而无气泡,材料需在玻片对角线中央。

（8）贴签

标签内容为中文名称、学名、材料名称、制作日期和制作人。将标签剪下后贴于载玻片左方。

2.4　实习作业

1.制作玉米象和蚕豆象成虫鉴别特征的玻片标本,并绘形态特征图。

2.制作棉大卷叶螟成虫翅脉和生殖器玻片标本,并绘形态特征图。

3.利用常规制片法制作桃蚜玻片标本。

附录一　显微镜技术

一、体视显微镜

体视显微镜又称实体显微镜或解剖镜，是一种具有正像立体感的目视仪器，被广泛应用于生物学、医学、农林、工业及海洋生物等领域。

常用的体视显微镜的光学结构是有一个共用的初级物镜，物体成像后的光束被两组中间物镜——变焦镜分开，并成一体视角，再经各自的目镜成像。它的倍率变化是由改变中间镜组之间的距离而获得的，因此又称为连续变倍体视显微镜（zoom-stereo microscope）。根据不同的应用的要求，体视显微镜还可选配丰富的附件，如荧光、照相、摄像、冷光源等。

1. 特点

体视显微镜有以下特点。

（1）双目镜筒中的左右两光束不是平行的，而是具有一定夹角——体视角（一般为 $12°\sim15°$），因此成像具有三维立体感。

（2）像是直立的，便于操作和解剖，这是由于在目镜下方的棱镜把像倒转过来的缘故。

（3）虽然放大率不如常规显微镜，但其工作距离很长。

（4）焦深大，便于观察被检物体的全层。

（5）视场直径大。

（6）对观察体无须加工制作，直接放入镜头下配合照明即可观察。观察物的放大倍率一般不大，在 200 倍以下，常用的在 $4\sim45$ 倍之间，以落射照明为主，也可用透射光观察透明物体或半透明物体，或观察物体的轮廓。因物镜与观察体距离较大，可进行镜下操作。可应用于微电子行业、医学外科等部门。

2. 操作步骤

（1）将显微镜置于一个对操作员来说舒适的工作平台，打开反射光（表面光），在显微镜底座上放上一个试样，比如硬币，将显微镜的变倍旋钮旋到最低倍数 0.7 倍，通过调节升降组找到 0.7 倍下的大致焦平面（最佳成像面）。

（2）调整目镜的观察瞳距，并调整目镜上的屈光度以找到 0.7 倍下最佳的焦平面。

（3）利用以上方法，逐渐旋大变倍旋钮的倍数，适当调节显微镜的升降组，逐渐找到最大倍数 4.5 倍下的焦平面。在调节过程中,请利用硬币上比较明显的参照点比对成像的清晰度。

(4)将变倍旋钮旋到最低倍数 0.7 倍,也许像会有一些失焦,此时请不要再调节升降组进行对焦,只需调节两只目镜上面的屈光度以适应眼睛的观察(屈光度因人而异)。此时,显微镜已经齐焦,即显微镜从高倍变到低倍,整个像都在焦距上。现在对于同样的试样,我们不需要再调节显微镜的其他部件,只需旋动变倍旋钮就可以轻松地对试样进行变倍观察。

3. 使用中常见故障及排除方法

体视显微镜因其所具备的众多优点在工农业和科研部门有着广泛的应用。若在使用过程中出现一些问题可根据实际情况自行解决。根据实际使用情况常见有以下故障。

(1)视场较模糊或有脏物,可能的原因有标本上有脏物、目镜表面有脏物、物镜表面有脏物、工作板表面有脏物。可根据实际情况采取清洁标本、目镜、物镜和工作板表面的脏物来解决。

(2)双像不重合,可能的原因为瞳距调节不正确,可采取修正瞳距的措施;双像不重合也可能是视度调节不正确,可重新进行视度调节;还有可能是左右目镜倍率不同,可检查目镜并重新安装相同倍率的目镜。

(3)图像不清晰,可能的原因是物镜表面有脏物,请清洁物镜。如果变焦时图像不清晰,有可能是视度调整不正确和调焦不正确,可重新进行视度调节和调焦。

(4)灯泡经常烧掉或灯光闪烁不定,也许是因为当地的供电电压太高,或电线连接不良,请仔细检查电压和显微镜的电线连接情况是否牢固。如果均不是,则可能是灯泡快烧坏了,可重新更换灯泡解决。

4. 体视显微镜使用前的调校

体视显微镜使用前的调校主要有调焦、视度调节、瞳距调节和灯泡更换几个步骤。

(1)调焦

将工作台板放入底座上的台板安装孔内。观察透明标本时,选用毛玻璃台板;观察不透明标本时,选用黑白台板。松开调焦滑座上的紧固螺钉,调节镜体的高度,使工作距离与所选用的物镜放大倍数大体一致。调好后,须锁紧紧固螺钉。调焦时,建议选用平面物体,如印有字符的平整纸张、直尺、三角板等。

(2)视度调节

先将左右目镜筒上的视度圈均调至 0 刻线位置。通常情况下,先从右目镜筒中观察。将变倍手轮转至最低倍位置,转动调焦手轮和视度调节圈对标本进行调节,直至标本的图像清晰后,再把变倍手轮转至最高倍位置继续进行调节,直到标本的图像清晰为止。此时,用左目镜筒观察,如果不清晰则沿轴向调节左目镜筒上的视度圈,直到标本的图像清晰为止。

（3）瞳距调节

扳动两目镜筒，可以改变两目镜筒的瞳距。当使用者观察视场中的两个圆形视场完全重合时，说明瞳距已调节好。应该注意的是个体的视力及眼睛的调节有差异，因此，不同的使用者或即便是同一使用者在不同时间使用同一台显微镜时，应分别进行视度调节和调焦，以便获得最佳的观察效果。

（4）灯泡更换

无论是更换上光源灯泡，还是更换下光源灯泡，在更换前，请务必将电源开关关上，电源线插头一定要从电源插座上拔下。更换上光源灯泡时，先拧出上光源灯箱的滚花螺钉，取下灯箱，然后从灯座上卸下坏灯泡，换上好灯泡，再把灯箱和滚花螺钉装上。更换下光源灯泡时，需将毛玻璃台板或黑白台板从底座上取出，然后从灯座上取下坏灯泡，换上好灯泡，再把毛玻璃台板或黑白台板装好。更换灯泡时，请用干净的软布或棉纱将灯泡玻壳擦拭干净，以保证照明效果。

二、光学显微镜

光学显微镜是利用人眼可见的光即可见光作为光源，利用目镜和物镜两步放大，在人眼明视距离（最适合正常人眼观察近处较小物体的距离）250mm 处呈放大的直立虚像的精密仪器。目前全世界最主要的显微镜厂家主要有奥林巴斯、蔡司、徕卡、尼康。国内厂家主要有江南永新、麦克奥迪、北京福凯、重庆澳浦等。

光学显微镜按照其构造可分为机械结构和光学结构。显微镜的机械结构是用来作光学系统的支承（固定）和运动用，光学系统必须靠牢固而精密的机械装置的良好配合，才能充分发挥其作用。一般显微镜的机械装置包括粗动调焦机构、微动调焦机构、物镜转换器机构、载物台（移动尺）机构及底座、镜臂、镜筒、聚光镜升降等机构。光学结构包括物镜、目镜、聚光镜和光源等。光学部件直接影响显微镜的成像效果。

1.光学显微镜的使用方法

（1）取显微镜时应十分小心，一手握镜臂，一手托镜座，尽量保持平稳，防止碰撞及零件脱落。

（2）使用前应检查零件有无缺损、调节器是否灵敏、镜头有无污点等。若有问题应及时报告。

（3）使用时宜将镜子放于合适的位置，观察者要坐端正而自然。转正低倍镜，打开光圈，升起集光器，一边用左眼经目镜观察，一边转动反光镜，至视野内明亮、均匀为止。

（4）观察切片要先经肉眼观察，再放到镜下观察。放置切片要注意盖玻片在上（如果放反则在高倍镜下看不清图像，还容易损伤物镜或压碎切片）。夹持稳定后将组织推至集光器上方，然后观察。

（5）初次用镜时应先从侧面看着，转动粗调节器，使物镜接近切片（约 0.5cm），然后一边用左眼对着目镜观察，一边转动粗调节器使标本慢慢离开物镜，直到出现图像。再换用细调节器至图像清晰后，便可进行观察。观察切片应看到全貌，因此在观察时，左手操纵调节器,右手移动工作台按一定顺序移动视野。

(6)要用高倍镜时,应先在低倍镜下,把要观察的部分推移至视野中央,然后转动物镜转换器换上高倍镜,轻转细调节器便可使图像清晰。如果低倍镜下清晰但换高倍镜后调不出图像,则应检查切片是否放反了。

(7)油镜的用法:在高倍镜观察的基础上,将欲进一步观察的结构移至视野中央,并在此处滴一滴镜油,转换上油镜头,适当转动细调节器便可使物像清晰。切忌使用粗调节器。油镜用过后要先用擦镜纸拭去镜油,然后用擦镜纸蘸少许二甲苯擦拭,最后再用干纸拭净。

(8)用完显微镜后应取下标本,移开物镜,拭净镜体,放回盒内。放镜时也应小心平稳。

2.使用时的注意事项

(1)显微镜属精密仪器,为了提高其使用寿命,应倍加爱惜,轻拿轻放,避免碰撞,防止零件脱落。

(2)严禁擅自拆卸零件。

(3)光学部分污染后应用擦镜纸仔细擦净。严禁用口吹,严禁用手、手帕或其他干纸擦拭。

(4)显微镜应专管专用,禁止互换显微镜。

三、相差显微镜

无色透明而折射率略有差异的两种物体,或折射率相同而厚度不同的两种物体,当光线通过这两种物体时,直射光和衍射光的波长在相位上会产生偏移。一般在影像面上再次互相干涉。位于相差显微镜物镜后焦点面的像板将相差在影像面上变为光强度的差别,从而识别两种物体。当直射光延迟时,成为明亮反差(或负反差);当衍射光延迟时成为黑暗反差(或正反差)。使用这种显微镜,可观察到原原本本的活细胞,得到接近于固定染色像的鲜明的图像,并能观察到核分裂过程中染色体的实际状态、受精过程、线粒体、高尔基体、鞭毛、纤毛及其运动等。

相差显微镜(phase-contrast microscope)的基本原理是,把透过标本的可见光的光程差变成振幅差,从而提高了各种结构间的对比度,使各种结构变得清晰可见。光线透过标本后发生折射,偏离了原来的光路,同时被延迟了 $1/4\lambda$(波长),如果再增加或减少 $1/4\lambda$,则光程差变为 $1/2\lambda$,两束光合轴后干涉加强,振幅增大或减小,提高了反差。在构造上,相差显微镜有不同于普通光学显微镜的两个特殊之处:一是位于光源与聚光器之间的环形光阑(annular diaphragm),其作用是使透过聚光器的光线形成空心光锥,使焦点聚到标本上;二是在物镜中加了涂有氟化镁的相位板(annular phaseplate),其可将直射光或衍射光的相位推迟 $1/4\lambda$。这又分为两种:

(1)A+相板。将直射光推迟 $1/4\lambda$,两组光波合轴后光波相加,振幅加大,标本结构比周围介质更加变亮,形成亮反差(或称负反差)。

（2）B＋相板。将衍射光推迟1/4λ，两组光线合轴后光波相减，振幅变小，形成暗反差（或称正反差），结构比周围介质更加变暗。

1.基本部件

相差物镜、明视野与相差兼用的多用途聚光镜、对中望远镜、绿色滤光片。

2.调整方法

（1）在库勒照明系统调整好的基础上，用明视野方法调焦，使样品清晰。

（2）选用10倍相差物镜，把聚光镜转到Ph1对准转盘刻度线位置，换待观察的透明样品。

（3）拔掉其中一个目镜，换上对中望远镜，并调焦于视野中的两个相差环上（物镜的黑色相差环和聚光镜的透光相差环）。

（4）视野中的两个相差环不一定重合，调节聚光镜上的两个调节装置（调整相差环左右位置的调节杆和调整前后位置的摩擦式转钮），使透光环作前后左右移动而与黑环重合。

（5）调整好后，换回观察用目镜，将绿色滤光片按入光路中，即可观察到样品的相差像。

（6）使用20倍和40倍物镜观察时，聚光镜应设在Ph2位置上，用100倍物镜时，聚光镜应设在Ph3位置上。（聚光镜的设置视物镜的数值孔径而异，有时20倍物镜上的相差标示为Ph1，则对应聚光镜为Ph1。总之物镜要与聚光镜相匹配。）

3.实验方法和步骤

（1）安放相差装置。取下原有聚光器和物镜，分别安上相差聚光器和相差物镜，并将转盘转到"0"标记的位置。用10倍相差物镜调光。

（2）调节光源。

（3）合轴调节取下原有目镜，换上合轴调整望远镜。上下移动望远镜筒，至能看清物镜中的相板环为止。

（4）放回目镜。取下合轴调整望远镜，放回目镜即可进行观察。更换不同放大倍数的相差物镜时，每次都要按上述方法重新调节。

4.使用时的注意事项

为了更好地发挥相差镜检的效果，应注意以下几个方面。

（1）光源强

光源要强，因聚光镜中的环状光阑会遮掉大部分光源，所以应将视场光阑和孔径光阑完全开启。

（2）单色光

为了获得良好效果，应使用波长范围窄的近于单色的光源。相位的变化常因照明光线的波长而不同。通常采用绿色滤光片来调整光源波长,最好按厂家专用相差镜检的绿色滤光片进行镜检。

（3）切片薄

切片不能太厚,以 $5\sim10\mu m$ 为宜,或者更薄。如果样品过厚,样品的上层是很清楚的,深层则会模糊不清,并且会产生相位移干扰及光的散射干扰,影响成像质量。

（4）盖玻片和载玻片

载玻片、盖玻片的厚度应符合标准,且不应有疵痕,制片的封固剂应均匀一致。如果有划痕、厚薄不均或凹凸不平,则会产生亮环歪斜及相位干扰。玻片过厚或过薄会使环状光阑亮环变大或变小。观察时要盖上盖玻片,否则环状光阑的亮环和相板的暗环很难重合。

（5）物镜与聚光镜匹配

注意相差物镜和聚光镜里的相差环要调成对应的。简单的方法就是物镜上的 Ph 标示与聚光镜上的标示相同,换物镜时一定要记得把聚光镜转到对应的位置。

（6）相位倒转

当 $n'<n$ 或 $n'>n$ 时得到像的明暗反差正好相反,称为相位倒转。当相位差 $\delta=0$ 时是无法识别的,随着 δ 的增大,反差变大,当 δ 继续增大到某一值后会出现相位倒转。使用 90% 高吸光值(高反差)物镜时,这个转变值约为 0.55λ,使用 70% 标准吸光值的物镜时约为 0.33λ。较高吸光值的物镜应该用于分辨较小的光程差。

（7）晕轮和渐暗效应

在相差显微镜的成像过程中,某一结构由于相位的延迟而变暗时,并不是光的损失,而是光在像平面上重新分配的结果。因此在黑暗区域明显消失的光会在较暗物体的周围形成一个明亮的晕轮。这是相差显微镜的缺点,它妨碍了精细结构的观察。当环状光阑很窄时晕轮现象更为严重。相差显微镜的另一个现象是渐暗效应,即当相差观察相位延迟相同的区域较大时,该区域边缘会出现反差下降。

四、显微测量

微生物细胞的大小是微生物基本的形态特征,也是分类鉴定的依据之一。微生物大小的测定,需要在显微镜下借助于特殊的测量工具——测微尺,包括目镜测微尺(目尺)和镜台测微尺(台尺)。

目镜测微尺是一个放在目镜内的圆形玻片,其玻片中央刻有一条直线,此线被分为若干等分的小格,每一小格表示的实际长度随不同的显微镜、不同放大倍数的物镜而异。镜台测微尺是在一块特制的载玻片中央由圆形盖片封固着的具有精细刻度的标尺,全长 1mm,上有 100 等分的小格,每小格的长度为 $10\mu m$(0.01mm)。在标尺的外围有一个小黑环,以使观察者便于找到标尺的位置。进行显微测量时,先用镜台测微尺标定目镜测微尺每小格所表示的实际长度。在测量细胞时,移去镜台测微尺,换上被测标本,用目镜测微尺即可测得观察标本的实际长度。

1.操作方法

(1)将镜台测微尺置于镜台中央,先用低倍镜观察,找到镜台测微尺的刻度,调节焦距,以便看清镜台测微尺的刻度。

(2)移动镜台测微尺,同时转动目镜,使目镜测微尺与镜台测微尺平行,零点对齐。从"0"开始向右方找出两尺刻度重合的位置,记录各尺从重合点向左的格数。如果在低倍镜下所标定的目镜测微尺的全长(50格)等于镜台测微尺68.5格,也就是等于0.685mm,则目镜测微尺每小格代表的长度为0.685mm/50即为0.0137mm(13.7μm)。

(3)计算目镜测微尺每小格表示的实际长度:

$$目镜测微尺每小格实际长度 = \frac{镜台测微尺的格数}{对应的目镜测微尺的格数} \times 10^3 (\mu m)$$

(4)取下镜台测微尺,换上需要测量的玻片标本,用目镜测微尺测量细胞所占小格数并乘以目镜测微尺每小格代表的实际长度,即为被测细胞的实际长度。

2.使用时的注意事项

观察时光线不宜过强,否则难以看到台尺的刻度;换高倍镜和油镜校正时,务必十分细心,防止接物镜压坏台尺和损坏镜头;目尺换用在其他显微镜上或镜头和镜筒的长度有所改变时,必须重新校正目尺每格的相当的长度。

附录二 常用培养基配制方法

一、真菌学研究中常用的培养基

1.马铃薯葡萄糖琼脂培养基

去皮马铃薯 200g,葡萄糖 10~20g,琼脂 17~20g,蒸馏水 1000mL。

2.马铃薯蔗糖琼脂培养基

去皮马铃薯 200g,蔗糖 10~20g,琼脂 17~20g,蒸馏水 1000mL。

3.水琼脂培养基

琼脂 17~20g,蒸馏水 1000mL。

4.胡萝卜培养基

新鲜胡萝卜 200g 切成小片,加蒸馏水 500mL,用组织捣碎机捣碎约 40s,用 4 层纱布过滤去渣,补足水至 1000mL,加入琼脂 17~20g。
较常用于多种疫霉菌的分离、培养和诱导产生卵孢子。

5.马铃薯胡萝卜培养基(PCA)

马铃薯(去皮)20g,胡萝卜(去皮)20g,琼脂 17~20g,蒸馏水 1000mL。
马铃薯和胡萝卜在 500mL 水中煮沸 30min,2 层纱布过滤,加琼脂,补足水。

6.燕麦培养基

燕麦片 30g,蒸馏水 1000mL,琼脂 20g。
在 60℃下水浴 1h,双层纱布过滤去渣。上清液补足水至 1000mL,加入琼脂。
较常用于多种疫霉菌的分离、培养和诱导产生卵孢子。稻瘟菌在其上容易大量产孢。

7.玉米粉培养基

玉米粉 300g,水 1000mL,琼脂 18~20g。
配制方法与用于疫霉菌的燕麦培养基相似。

8.番茄培养基

番茄汁 20mL,$CaCO_3$ 0.4g,琼脂 18～20g,蒸馏水 80mL。

取新鲜成熟番茄果实,用自来水洗净后切成片,置于组织捣碎机中匀浆 2min,经双层纱布滤去种子和组织残余,过滤液即为所制备的番茄汁。

常用于多种疫霉菌的培养和产孢。也较适于其他真菌产孢。

9.大豆培养基

大豆汁 10mL,琼脂 2g,蒸馏水 90mL。

取 60g 干大豆种子用水洗净,浸泡过夜,与 330mL 蒸馏水混合,用组织捣碎机破碎 2min,经单层纱布过滤去渣。过滤液即为所制备的大豆汁。

较常用于多种疫霉菌的分离、培养与产孢。

10.黑麦培养基

黑麦 50g,琼脂 20g,蒸馏水 1000mL。

取 50g 黑麦种子在 1000mL 蒸馏水中浸泡 24～36h,用组织捣碎机破碎 2min,经 4 层纱布过滤去渣。上清液补足水 1000mL,加入琼脂 20g,在 121℃下高压蒸汽灭菌 30min。

特别适用于马铃薯晚疫病菌的分离、培养与产孢。

11.利马豆培养基

利马豆粉 60g,琼脂 20g,水 1000mL。

利马豆粉 60g 加水 1000mL,在 60℃下水浴 1h,双层纱布过滤去渣。上清液补足水至 1000mL,加入琼脂 20g,煮沸后持续沸腾数分钟。

利马豆培养基适用于大多数疫霉菌的分离、培养、繁殖和保存,但不适用于培养马铃薯晚疫病菌。利马豆培养基在加热过程中会产生大量气体,因此在灭菌前应充分煮沸。

12.V_8 培养基

V_8 培养基指以美国 Campbell 公司生产的、以 8 种蔬菜为主要成分混合制成的灌装 V_8 汁作为主要原料配制而成的培养基。对于某些生长慢且不易产孢的尾孢属等真菌,用 V_8 培养基可使其生长速度快,易产孢。用于疫霉菌时,因不同的实验要求,采用不同的配比,可配制成以下几种培养基。

(1)10％ V_8 培养基

V_8 汁 10mL,蒸馏水 90mL,$CaCO_3$ 0.02g,琼脂 2g。

常用于疫霉菌的分离、培养、保存、诱导孢子囊产生、交配型测定和产生卵孢子。

(2)5％ V_8 培养基

V_8 汁 5mL,蒸馏水 90mL,$CaCO_3$ 0.02g,琼脂 2g。

常用于疫霉菌分离、培养和保存。

(3)10％ V_8 培养液

V_8 汁 100mL,$CaCO_3$ 1g。

1500r/min 离心 10min。上清液与蒸馏水按 1∶9 比例稀释。

主要用于诱导疫霉菌产生孢子囊。

(4)0.2％ V_8 培养基

取经离心的 V_8 汁上清液 0.2mL,加入蒸馏水 100mL,琼脂粉 2g。

用于游动孢子萌发和游动孢子分离。疫霉菌游动孢子在这种培养基上的萌发率比在水琼脂培养基上的要高,且萌发后生长较好。为了方便对游动孢子萌发的观察和进行单孢分离,这种培养基要求使用质量较高的琼脂粉。

13. V_6 培养基

V_6 培养基是以原北京农业大学生产的、以 6 种蔬菜混合制成的 V_6 汁(商品名为维乐菜)为主要原料配制而成的培养基。经比较,该培养基具有与 V_8 培养基相似的效用,为 V_8 汁的理想替代品。

用国产 V_6 汁代替美国产的 V_8 汁,按 V_8 培养基相同的 4 种配方,可配制 10％、5％、0.2％的 V_6 培养基,且具有相同的用途。

14. 色氨酸培养基

β-谷甾醇 30g,L-色氨酸 20mg,$CaCl_2$ 100mg,维生素 B_1 1mg,10％ V_6 培养基 1000mL。

将 β-谷甾醇先溶于少量二氯甲烷(CH_2Cl_2)中,后加入 10％的 V_6 培养基中,在 121℃高压蒸汽中灭菌 15min。L-色氨酸和维生素 B_1 混合溶于少量水中单独灭菌,在使用前待培养基温度下降至 50℃左右时加入,摇匀。

该培养基主要用于疫霉交配型测定和诱导产生孢子。一些在 10％的 V_6 培养基上配对不产卵孢子或卵孢子产生量少的疫霉菌株,在这种培养基上可产生较多的卵孢子。

15. SLA 培养基

β-谷甾醇 2mg,卵磷脂 50mg,$CaCO_3$ 0.02g,天冬氨酸 1mg,V_6 汁 10mL,琼脂 2g,蒸馏水 90mL。

将卵磷脂置于 50mL 水中,用匀浆机(5000r/min)匀浆 2min,把卵磷脂充分打散。加入 V_6 汁、$CaCO_3$、琼脂,补足水至 100mL。将 β-谷甾醇用少量(数毫升)二氯甲烷溶解后与培养基混合。天冬氨酸用少量的水溶解后单独分装于小三角瓶内。上述制备物在 121℃下灭菌 20min。待培养基温度下降至 50℃左右时,将天冬氨酸溶液加入培养基中,摇匀。

该培养基可极显著地提高疫霉菌卵孢子的产生量。尤其是对那些卵孢子产生量较少的同宗配合疫霉野生型菌株和人工诱变突变株,效果十分显著。

16. SL 培养基

基础培养液 1mL,卵磷脂 10mg,葡萄糖 4mg,琼脂 2g,蒸馏水 100mL,pH 7.0。

卵磷脂加蒸馏水 100mL,用匀浆机 5000r/min 匀浆 2min,将卵磷脂充分打散。加入基础培养液、葡萄糖,用 1mol/L KOH 溶液调至 pH 7.0,加入琼脂粉,121℃下高压蒸汽灭菌 20min。

用于诱导疫霉菌卵孢子萌发。

基础培养液成分:$(NH_4)_2SO_4$ 100mg,$MgSO_4 \cdot 7H_2O$ 100mg,$CaCl_2 \cdot 2H_2O$ 30mg,$ZnSO_4 \cdot 7H_2O$ 3mg,KH_2PO_4 30mg,K_2HPO_4 60mg,蒸馏水 100mL。

17. 大麦粒培养基

先将大麦粒(或高粱粒)煮至 8 成熟,再装三角瓶中灭菌。

主要用于生产试验田中大量接种的病原菌分生孢子。

18. 米饭培养基

将做好的大米饭装入容器内灭菌即成。

可使稻曲病菌大量产孢。

19. Czapek 培养基

$MgSO_4 \cdot 7H_2O$ 5g,K_2HPO_4 1g,KCl 0.5g,$NaNO_3$ 2g,蔗糖 20～30g,琼脂 13g,$FeSO_4 \cdot 7H_2O$ 0.01g,蒸馏水 1000mL。

20. Richards 培养基

KNO_3 10g,KH_2PO_4 2.5g,$MgSO_4 \cdot 7H_2O$ 5g,蔗糖 50g,$FeCl_2$ 0.02g,蒸馏水 1000mL。

Czapek 及 Richards 培养基均为常用的化学成分已知的培养基。

21. 半综合基本培养基

碳源 10g,天门冬酰胺 2g,KH_2PO_4 1g,$MgSO_4 \cdot 7H_2O$ 1g,Fe^{3+} 0.2mg,Zn^{2+} 0.2mg,Mn^{2+} 0.1mg,生物素 5μg,硫胺素 100μg,蒸馏水 1000mL。

灭菌前调配 pH 到约为 6。如果需固体培养基,可加琼脂 20g。

可供培养真菌研究碳源用。称菌丝重量用液体培养基,结果较准确。固体培养基适合观察菌丝繁殖。

22. 葡萄糖天门冬酰胺培养基

KH_2PO_4 0.5g,K_2SO_4 0.5g,$MgCl_2 \cdot 6H_2O$ 0.6g,葡萄糖 3.3×10^{-2} mol/L,DL-天门冬酰胺 1.0×10^{-2} mol/L,无离子蒸馏水 1000mL。

灭菌前用 0.1mol/L NaOH 溶液或 0.1mol/L HCl 溶液调配到 pH 为 6.5。

此培养基供促进腐霉菌产生卵孢子用。

菌在这种培养液中生长,当菌落直径达到约 60mm 后取出,悬浮在蒸馏水中,滤去水,再换水洗 3 次,转到玻底培养皿 8mL 的替代液内。替代液为单个阳离子液(氯盐的 K^+,Mg^{2+} 或 Ca^{2+})。不必调配酸碱度,pH 为 5~6.8。逐日检查菌在替代液内产生的孢子囊、藏卵器、雄器和成熟的卵孢子。

23. 麦芽膏琼脂培养基

麦芽浸膏 20g,琼脂 17g,蒸馏水 1000mL。

保存多种类型木材腐朽菌。

麦芽汁制法:

(1)取大麦或小麦若干,用水洗净,水浸 6~12h,置 15℃阴暗处发芽,上盖纱布一块,每日早、中、晚淋水一次,麦根伸长至麦粒的两倍时,即停止发芽,摊开晒干或烘干,贮存备用。

(2)将干麦芽磨碎,1 份麦芽加 4 份水,在 65℃水浴锅中糖化 3~4h(糖化程度可用碘滴定)。

(3)将糖化液用 4~6 层纱布过滤,滤液如果浑浊不清,可用鸡蛋澄清,即将一个鸡蛋的蛋白加水 20mL,调匀至产生泡沫时为止,然后倒在糖化液中搅拌,煮沸后再过滤。

(4)将滤液稀释到波美 5~6 度,pH 6.4。

24. 花生叶斑病尾孢菌培养基

葡萄糖 50g,KH_2PO_4 5g,天门冬酰胺 2g,琼脂 15g,硫胺素 200μg,蒸馏水 1000mL。

供培养花生叶斑病尾孢菌(*Cercospora arachidicola*)用。此菌在马铃薯葡萄糖琼脂培养基上生长极慢,而且产生的孢子极少。菌应接种在温热的培养基内,培养菌的最适温度为 30℃,最适 pH 为 4.5。也可供培养其他尾孢菌参考。

25. 甜菜褐斑病菌培养基

甜菜糖浆 150g,琼脂 1.5g,蒸馏水 1000mL。

供甜菜褐斑病菌(*Cercospora beticola*)一般培养用,菌丝生长迅速。

26. 稻麸皮琼脂培养基

稻麸皮 20g,琼脂 10g,蒸馏水 1000mL。

将稻麸皮在热蒸馏水内浸 1h,离心后弃去固体物质。取上层澄清液配制培养基。

供培养稻瘟病菌和水稻其他病菌用。

27. Misato 培养基

可溶淀粉 10g,酵母浸膏 2g,蒸馏水 1000mL。

83

供培养稻瘟病菌产生孢子用。

28.玉米粉—砂土培养基

玉米粉1000g,洗净的白砂1000g,蒸馏水1500mL。

玉米粉和白砂混匀,装入玻璃瓶内,加水1500mL。由于玉米的品质不一,可酌量增减水的用量。培养基经高压灭菌2h,冷却后摇动,以增加培养基中的空气间隙。

供培养寄生或腐生菌,接种土壤用。

29.Deacon玉米粉—砂土培养基

玉米粉3g,砂100g。

供培养小麦全蚀病菌用。培养的菌,放在花盆内,播种小麦种子,再覆盖一层砂和土(3∶1)。

30.大豆油—胨琼脂培养基

蛋白胨6.0g,甘氨酸1.9g,大豆油10.4g,KH_2PO_4 1g,$MgSO_4 \cdot 7H_2O$ 0.5g,盐酸硫胺素100μg/mL,琼脂17g,蒸馏水1000mL。

灭菌前调配到pH为6,115℃高压灭菌10min。大豆油在灭菌前,用吸管直接注入盛有培养基的三角瓶或玻璃管内。

供培养腐霉菌和疫霉菌用。这两种菌在大豆油培养基内比在葡萄糖培养基内生长得更好。

31.马丁(Martin)琼脂培养基

KH_2PO_4 1g,$MgSO_4 \cdot 7H_2O$ 0.5g,蛋白胨5g,葡萄糖10g,孟加拉红(1%)3.3mL,琼脂15~20g,蒸馏水1000mL,链霉素30mg。

除孟加拉红和链霉素之外,把全部材料溶于水中。缓慢加热混合物,同时不断搅动直到开始沸腾。去火,加入孟加拉红。在分装高压灭菌之后,倒平板前,往冷却的液体培养基中加入链霉素。

分离真菌的选择性培养基。加入孟加拉红和链霉素可以促进放线菌和细菌的生长。

32.SAY培养基

蔗糖8g,L-天门冬酰胺1.2g,K_2HPO_4 0.6g,酵母浸膏1g,琼脂20g,普通水1000mL。

供培养麦根腐蠕孢菌用。C∶N比高,适合产生大量分生孢子,不适合产生菌丝。

33.树皮粉琼脂培养基

黄桦树皮粉70g,琼脂10g,蒸馏水1000mL。
供培养丛赤壳菌产生子囊壳用。

菌接种在玻皿内琼脂基上,于室温下近窗光亮处培养。用橡皮膏封闭玻皿口,以减少蒸发,约 8 星期后产生子囊壳。

34. 白绢病菌培养基

在略呈碱性的沙壤中,混合不同量(干重)的麦麸,加水饱和。加入麦麸的水量为 200%(W/W),加入土内的水量为 15%(W/W)。混匀土壤,每 100g 分装在容量为 250mL 的三角瓶内,121℃高压灭菌 1h,连续灭菌 2 次。接种菌核,30℃下培养 8 星期。

当土壤内加入的麦麸达 8%时,产生的菌核最多。若超过 8%,菌核数目逐渐减少,但单个菌核较大和较重。

供培养齐整小核菌(*Sclerotium rolfsii*)用。

二、细菌学研究中常用的培养基

(一)培养鉴定植物病原细菌所用的培养基

1. 营养琼脂(NA)

牛肉浸膏 3g,蛋白胨 5g,葡萄糖 2.5g,琼脂 15～18g,蒸馏水 1000mL。

2. 酵母浸膏葡萄糖碳酸钙培养基(YDC)

酵母浸膏 10g,葡萄糖 20g,碳酸钙 20g,琼脂 15～18g,蒸馏水 1000mL。
分别灭菌。

碳酸钙应研细,培养基在装管、摆斜面或倒平板前应摇匀,使碳酸钙与其他成分充分混匀,勿使其很快沉淀。

3. 金氏 B 培养基(KB)

蛋白胨 20g,甘油 10mL,$KH_2PO_4 \cdot 3H_2O$ 2.5g,$MgSO_4 \cdot 7H_2O$ 1.5g,琼脂 15～18g,蒸馏水 1000mL。

用于分离、鉴定荧光假单胞杆菌。

4. D_1 培养基

甘露醇 15g,$MgSO_4 \cdot 7H_2O$ 0.2g,$NaNO_3$ 5g,LiCl 6g,KH_2PO_4 2g,溴百里酚蓝 0.1g,琼脂 15～18g,蒸馏水 1000mL。

126℃灭菌 15min,灭菌后培养基 pH 为 7.0。

土壤杆菌属细菌生长良好,呈淡绿色带有暗色中心、全缘、圆形、有光泽的菌落,以后转为橄榄绿色。革兰氏阳性细菌和其他植物病原细菌属不生长,腐生种呈淡绿或淡黄色。

5.枸橼酸盐琼脂培养基

NaCl 5g,MgSO$_4$·7H$_2$O 0.2g,NH$_4$H$_2$PO$_4$ 1g,K$_2$HPO$_4$ 1g,枸橼酸钠 2g,琼脂 20g,溴百里酚蓝 1%(W/ V)溶液(溶于 50%酒精)15mL,蒸馏水 1000mL。

培养基 pH 调到 6.8,分装试管后灭菌,斜面凝固后接菌,培养 24～48h,如果枸橼酸钠被利用,则培养基变成蓝色。

用于鉴别大肠杆菌。

6.高糖培养基

蔗糖 160g,0.1%放线菌酮 20mL,1%结晶紫(酒精溶液)0.8 mL,琼脂 12g,蒸馏水 380mL。

115℃高压灭菌 20min。培养基冷却到 42～45℃时加入放线菌酮。

用于培养梨火疫病菌。

7.TTC 琼脂培养基

蛋白胨 10g,牛肉浸粉 3g,TTC 0.01g,NaCl 5g,琼脂 15g,蒸馏水 1000mL。

培养基 pH 调到 7.5,每瓶分装上述培养基 200mL,常规灭菌。在倒入培养皿前,每瓶加 1%的 2,3,5-三苯基四唑化氯(TTC)溶液 1mL。1% TTC 溶液在 121℃下高压灭菌 15min,放在低温暗处备用。

用于培养植物病原细菌。

8.SX 培养基

可溶性淀粉 10g,甲基紫 2B 1mL,牛肉浸膏 1g,1%甲基绿 2mL,NH$_4$Cl 5g,KH$_2$PO$_4$ 2g,琼脂 15～18g,蒸馏水 1000mL。

培养基 pH 调至 7.4,高压灭菌 20min。

用于植物细菌的鉴定。

9.523 培养基

蛋白胨 8g,酵母粉 4 g,MgSO$_4$·7H$_2$O 0.3g,蔗糖 10g,K$_2$HPO$_4$ 2g,琼脂 18g,蒸馏水 1000mL。

培养基 pH 调至 7.0～7.1,在 121℃下湿热灭菌 20min。

用于培养植物病原细菌。

10.523E 培养基

热 523 琼脂培养基(40℃),在无菌操作下加入一个鸡蛋蛋清,混合均匀。
用于鉴定具有荧光的假单胞杆菌属。

(二)从土壤分离细菌和放线菌用的培养基

1.高氏1号培养基

可溶性淀粉 20g,KH_2PO_4 0.5g,KNO_3 1g,$MgSO_4 \cdot 7H_2O$ 0.5g,NaCl 0.5g,$FeSO_4$ 0.01g,琼脂 17~20g。

可溶性淀粉先用冷水调匀后再加入到以上培养基中。pH 调至 7.2~7.4,高压灭菌 20min。

用于培养放线菌。

2.牛肉膏蛋白胨培养基

牛肉膏 5g,蛋白胨 10g,NaCl 5g,琼脂 20g,水 1000mL。培养基 pH 调至 7.2,高压灭菌 20min。

3.LB 培养基

胰化蛋白胨 10g,酵母提取物 5g,NaCl 10g,琼脂 15~20g,水 1000mL。
培养基 pH 调至 7,在 121℃下湿热灭菌 30min。
用于细菌培养,常在分子生物学实验中应用。

4.Butt-Rovira 土壤浸汁琼脂

琼脂 10g,KH_2PO_4 0.4g,$MgSO_4 \cdot 7H_2O$ 0.05g,$(NH_4)_2HPO_4$ 0.5g,$MgCl_2$ 0.1g,$FeCl_3$ 0.01g,$CaCl_2$ 0.1g,蛋白胨·1g,酵母浸膏 1g,土壤浸汁 250mL,水 750mL。

混合物 pH 调至 7.4,煮 30min 后过滤,在 115℃下灭菌 20min。土壤浸汁法为 1000g ±1000mL 水,高压灭菌 15min,过滤。

用于从植物组织和土壤中分离油菜黄单胞菌和一些水解淀粉的菌种。

5.James 土壤浸汁琼脂

琼脂 15g,K_2HPO_4 0.2g,土壤浸汁 1000mL。

土壤浸汁是将 500g 沃土加入到足以得到 1000mL 汁的适量水中制成的。水的用量通常为 1200~1500mL。土壤悬浮液于高压锅内在 121℃下加热 30min。冷却后,用滤纸或纱布过滤。滤液的第一次浑浊部分用同一滤器再过滤一次。添加 0.5g $CaSO_4$ 或 $CaCO_3$ 有助于滤清浑浊的浸汁。把 K_2HPO_4 和琼脂加入到 1000mL 浸汁内。pH 应调到 6.8。

6.Lochhead 土壤浸汁琼脂

琼脂 15g,K_2HPO_4 0.2g,土壤浸汁 1000mL。

土壤浸汁的制法为 1000g 土壤加 1000mL 水在 115℃下灭菌 20min。在布氏漏斗内经滤纸过滤,加水补足 1000mL。灭菌前培养基 pH 调至 6.8。

7. 蛋清钠琼脂

琼脂 15g,葡萄糖 1g,K_2HPO_4 0.5g,$MgSO_4 \cdot 7H_2O$ 0.2g,$Fe_2(SO_4)_3$ 微量,鸡蛋蛋清 0.25g,蒸馏水 1000mL。

先将鸡蛋蛋清分散在水中,用 0.1mol/L 的 NaOH 调 pH 使酚酞呈红色。培养基最终 pH 为 6.8。

8. 桑顿氏(Thornton)琼脂

琼脂 15g,K_2HPO_4 1g,$MgSO_4 \cdot 7H_2O$ 0.2g,$FeCl_3$ 微量,$CaCl_2$ 0.1g,NaCl 0.1g,KNO_3 0.5g,天门冬酰胺 0.5g,甘露醇 1g,蒸馏水 1000mL。

9. 更改的赫奇逊氏(Hutchinson)琼脂培养基

琼脂 20g,葡萄糖 10g,K_2HPO_4 0.5g,$MgSO_4 \cdot 7H_2O$ 0.2g,蛋白胨 0.05g,KNO_3 0.05g,蒸馏水 1000mL。

1000g 菜园土加水 1000mL 到高压锅内加热 30min,制成土壤浸汁。添加 $CaCO_3$ 约 0.5g,用双层滤纸将土壤悬液过滤至清澈。浸汁可分装为每瓶 100mL,再灭菌。

(三)从土壤分离放线菌用的培养基

1. 精氨酸—甘油—食盐琼脂

琼脂 15g,甘油 12.5g,盐酸精氨酸 1g,NaCl 1 g,K_2HPO_4 1g,$MgSO_4 \cdot 7H_2O$ 0.5g,$Fe_2SO_4 \cdot 6H_2O$ 10mg,$CuSO_4 \cdot 5H_2O$ 1mg,$ZnSO_4 \cdot 7H_2O$ 1mg,$MnSO_4 \cdot H_2O$ 1mg,蒸馏水 1000mL。

所用甘油的比重在 25℃ 时应不小于 1.249。培养基的最终 pH 为 6.9~7.1。

2. Benedict 琼脂

琼脂 20g,葡萄糖 20g,L-精氨酸 2.5g,NaCl 1g,$FeSO_4 \cdot 7H_2O$ 0.1g,$CaCO_3$ 0.1g,$MgSO_4 \cdot 7H_2O$ 0.1g,匹马菌素 50mg,蒸馏水 1000mL。

培养基 pH 调至 7.0,高压灭菌后待用。

3. 几丁质琼脂

琼脂 20g,胶态几丁质 2g,蒸馏水 1000mL。

培养基 pH 调至 7,每装瓶 20mL,在 121℃ 下高压灭菌 20min。

4. 放线菌酮鸡蛋蛋清琼脂

见蛋清钠琼脂培养基的配方。

在倾倒平板前,加入放线菌酮($40\mu g/mL$)。

5. 葡萄糖天门冬酰胺盐琼脂

琼脂15g,葡萄糖10g,K_2HPO_4 1g,天门冬酰胺钠1g,蒸馏水1000mL。

以每升3g的比例,添加$CaCO_3$。pH调至7。

6. Jensen琼脂

琼脂15g,葡萄糖2g,酪蛋白(溶于10mL 1mol/L NaOH溶液中)0.2g,K_2HPO_4 0.5g,$MgSO_4 \cdot 7H_2O$ 0.2g,$FeCl_3 \cdot 6H_2O$微量,蒸馏水1000mL。

培养基pH调至6.5～6.6,高压灭菌,待用。

7. 大豆粉葡萄糖琼脂

琼脂17g,大豆粉5g,葡萄糖5g,$CaCO_3$ 0.4g,蒸馏水1000mL。

将无琼脂的组成成分高压灭菌20min。琼脂加到悬浮液里。培养基的最终pH用1mol/LNaOH溶液调到7.9～8.1。

8. 淀粉酪蛋白琼脂

琼脂18g,淀粉10g,酪蛋白(去除维生素)0.3g,KNO_3 2g,NaCl 2g,K_2HPO_4 2g,$MgSO_4 \cdot H_2O$ 0.5g,$FeSO_4 \cdot 7H_2O$ 0.01g,$CaCO_3$ 0.02g,蒸馏水1000mL。

为了在土壤稀释平板上能数清放线菌菌落,应在倒入平皿前往冷却下来的液体培养基中加入制菌霉素和放线菌酮各50mg/mL。为了从土壤稀释平板上转移放线菌菌落,应在培养基中加入两种抗真菌抗生素,再加上硫酸多黏菌素B(5mg/mL)和青霉素钠盐(1 mg/mL)。培养基在高压灭菌之前,其pH应调到7.0～7.2。

(四) 针对某些细菌、放线菌的选择性培养基

1. 甘露醇—硝酸盐琼脂

琼脂20g,甘露醇10g,$NaNO_3$ 4g,$MgCl_2$ 2g,丙酸钙1.2g,$Mg_3(PO_4)_2 \cdot 4H_2O$ 0.2g,$MgSO_4 \cdot 7H_2O$ 75mg,$NaHCO_3$ 75mg,蒸馏水1000mL。

含有上面所列成分的培养基高压灭菌后冷却到50～55℃,加入下列物质:小檗碱275mg;亚硒酸钠100mg;青霉素G(1625IU/mg)60mg;硫酸链霉素(78.1%链霉素主剂)30mg;放线菌酮(85%～100%)250mg;短杆菌素1 mg;杆菌肽(651IU/mg)100mg。pH用1mol/L HCl溶液调到7.1。

应用于从土壤中分离根癌杆菌。

2. 更改的帕特氏琼脂

琼脂17g,牛磺胆酸钠3g,蛋白胨10g,葡萄糖20g,结晶紫(1:1000)2mL,蒸馏水

1000mL,放线菌酮(85%～100%环己酰亚胺)(稀释 1:1000)100mL。

培养基灭菌后冷却到 42～45℃再加入放线菌酮。

用于从土壤中分离根癌杆菌。

3.酪氨酸—酪蛋白—硝酸盐琼脂

琼脂 15g,酪蛋白钠 25g,硝酸钠 10g,L-酪氨酸 1g,自来水 1000mL。

酪蛋白钠以微热溶于 500mL 水中,再加入其他成分,补足 1000mL 水。培养基在 115℃下高压灭菌 20min。

应用于从土壤中分离链霉菌。

4.分离土壤杆菌属的选择性培养基

(1) New-Kerr 培养基

蒸馏水 1000mL,赤藓醇 5g,$NaNO_3$ 2.5g,KH_2PO_4 0.1g,NaCl 0.2g,$CaCl_2$ 0.2g,$MgSO_4 \cdot 7H_2O$ 0.2g,FeEDTA 2mL,生物素(Biotin) $2\mu g$,琼脂 18g,灭菌前用 1mol/L NaOH 溶液调 pH 至 7.0。

FeEDTA 溶液的配制:$FeSO_4 \cdot 7H_2O$ 278mg,Na_2EDTA 372mg,加水至 100mL。培养基灭菌并冷却后加入下列抗生素和盐,最终浓度为:放线菌酮 $250\mu g/mL$,杆菌肽 $100\mu g/mL$,短杆菌素 $1\mu g/mL$,亚硒酸钠 $100\mu g/mL$。

(2) Schroth 等培养基

蒸馏水 1000mL,甘露醇 10g,$MgCO_3$ 75mg,$NaNO_3$ 4g,丙酸钙 1.2g,$MgCl_2$ 2g,$Mg_3(PO_4)_2$ 0.2g,琼脂 20g,$MgSO_4 \cdot 7H_2O$ 0.1g,$NaHCO_3$ 75mg。

灭菌冷却到 50～55℃并加入下列试剂,最终浓度为:小檗碱 $275\mu g/mL$,亚硒酸钠 $100\mu g/mL$,青霉素(1625IU/mg)$60\mu g/mL$,硫酸链霉素 G (78.1%链霉素) $30\mu g/mL$,放线菌酮(85%～100%有效成分)$250\mu g/mL$,短杆菌素(纯)$1\mu g/mL$,杆菌肽(65IU/mg)$100\mu g/mL$。

用 0.1mol/L HCl 溶液调节 pH 至 7.1。

土壤杆菌属菌株在非选择培养基上往往竞争不过其他土壤生物。以上两种选择性培养基极大有助于从土壤稀释液中分离到土壤杆菌属菌株。即使如此,这两种选择性培养基也只局限在约 0.01g/mL 土壤时才是敏感的。高浓度的土壤由于增加了其他细菌数,从而降低了选择性。无论哪一种选择性培养基上的单菌落都可能有其他细菌,因此,应划线纯化。

(五)其他用途的培养基

1.放线菌发酵液

葡萄糖 20g,NaCl 5g,$CaCO_3$ 4g,蛋白胨 6g,大豆粉 20g,蒸馏水 1000mL,pH 7.1～7.2。

配制时先调 pH,再加入 $CaCO_3$。

供许多种放线菌震荡培养产生抗生素用。

2.噬菌体综合培养基

(1)F 培养基

NH_4Cl 1g,$MgSO_4 \cdot 7H_2O$ 0.1g,KH_2PO_4 1.5g,Na_2HPO_4 3.5g,乳酸 9g,葡萄糖酌量,蒸馏水 1000mL。

用 NaOH 溶液将 pH 调到 6。$MgSO_4$ 和乳酸均分别高压灭菌。

(2) M-G 培养基

NH_4Cl 1g,$MgSO_4 \cdot 7H_2O$ 0.13g,K_2HPO_4 3g,Na_2HPO_4 6g,葡萄糖 4g,蒸馏水 1000mL。

$MgSO_4$ 和乳酸均分别高压灭菌。

供培养大肠杆菌研究噬菌体用,也可供培养植物寄生细菌如软腐病细菌研究噬菌体用。

3.乳糖蛋白胨培养液

蛋白胨 10g,牛肉膏 3g,乳糖 5g,NaCl 5g,1.6%溴甲酚紫乙醇溶液 1mL,蒸馏水 1000mL。

将蛋白胨、牛肉膏、乳糖及 NaCl 加热溶解于 1000mL 蒸馏水中,调 pH 至 7.2～7.4。加入 1.6%溴甲酚紫乙醇溶液 1mL,充分混匀,分装。在 115℃下灭菌 20min。

参考文献

[1] 北京农业大学. 植物检疫学(中册)[M]. 北京:北京农业大学出版社,1989.

[2] 杜喜翠. 普通昆虫学实验及实习教程[M]. 重庆:西南师范大学出版社,2012.

[3] 彩万志,庞雄飞,花保祯,等. 普通昆虫学[M]. 2版. 北京:中国农业大学出版社,2011.

[4] 赤井重恭,桂琦一. 植物病理学实验指导[M]. 李清铣,译.上海:上海科学技术出版社,1981.

[5] 戴诗琼. 检验检疫学[M]. 北京:对外经济贸易大学出版社,2002.

[6] 樊东. 普通昆虫学及实验[M]. 北京:化学工业出版社,2012.

[7] 方中达. 植病研究方法[M]. 3版. 北京:中国农业出版社,1998.

[8] 高必达. 植物病理学[M]. 北京:科学技术文献出版社,2003.

[9] 洪霓,高必达. 植物病害检疫学[M]. 北京:科学出版社,2005.

[10] 黄云,文成敬. 农业植物病理学实验指导[M]. 成都:四川农业大学,2003.

[11] 江苏省南通农业学校. 植物检疫[M]. 北京:中国农业出版社,2000.

[12] 雷朝亮,荣秀兰. 普通昆虫学[M]. 北京:中国农业出版社,2003.

[13] 雷朝亮,荣秀兰. 普通昆虫学实验指导[M]. 2版. 北京:中国农业出版社,2011.

[14] 李志红,杨汉春,沈佐锐. 动植物检疫概论[M]. 北京:中国农业大学出版社,2004.

[15] 刘志琦,董民. 普通昆虫学实验教程[M]. 北京:中国农业大学出版社,2009.

[16] 刘永明. 植物检疫手册[M]. 石家庄:河北科学技术出版社,2000.

[17] 农业部全国植物保护总站,浙江农业大学植物检疫培训中心. 植物检疫学[M]. 北京:北京农业大学出版社,1991.

[18] 农业部植物检疫实验所. 中国植物检疫对象手册[M]. 合肥:安徽科学技术出版社,1990.

[19] 荣秀兰. 普通昆虫学实验指导[M] 北京:中国农业出版社,2003.

[20] 商鸿生. 植物检疫学[M]. 北京:中国农业出版社,1997.

[21] 孙广宇,宗兆锋. 植物病理学实验技术[M]. 北京:中国农业出版社,2002.

[22] 邢来君,李明春. 普通真菌学[M]. 北京:高等教育出版社,1999.

［23］许文耀. 普通植物病理学实验指导［M］. 北京：科学出版社，2006.

［24］许再福. 普通昆虫学［M］. 北京：科学出版社，2009.

［25］许再福. 普通昆虫学实验与实习指导［M］. 北京：科学出版社，2010.

［26］许志刚. 普通病理学［M］. 2 版. 北京：中国农业出版社，1997.

［27］许志刚. 普通病理学实验指导［M］. 北京：中国农业出版社，1993.

［28］许志刚. 普通植物病理学实验实习指导［M］. 2 版. 北京：高等教育出版社，2008.

［29］许志刚. 植物检疫学［M］. 北京：中国农业出版社，2003.

［30］杨长举，张宏宇. 植物害虫检疫学［M］. 北京：科学出版社，2005.

［31］朱西儒，徐志宏，陈枝楠. 植物检疫学［M］. 北京：化学工业出版社，2004.